通信网络概论

主　编　邱　波　古发辉　万梅芬
副主编　刘　华　吕昌武　黄小锋

北京理工大学出版社
BEIJING INSTITUTE OF TECHNOLOGY PRESS

图书在版编目（CIP）数据

通信网络概论／邱波，古发辉，万梅芬主编．—北京：北京理工大学出版社，2017.11（2022.8重印）

ISBN 978－7－5682－4947－8

Ⅰ．①通… Ⅱ．①邱…②古…③万… Ⅲ．①通信网－高等学校－教材 Ⅳ．①TN915

中国版本图书馆 CIP 数据核字（2017）第 265226 号

出版发行／北京理工大学出版社有限责任公司
社　　址／北京市海淀区中关村南大街 5 号
邮　　编／100081
电　　话／（010）68914775（总编室）
　　　　　（010）82562903（教材售后服务热线）
　　　　　（010）68948351（其他图书服务热线）
网　　址／http：//www.bitpress.com.cn
经　　销／全国各地新华书店
印　　刷／三河市天利华印刷装订有限公司
开　　本／787 毫米×1092 毫米　1/16
印　　张／9.5
字　　数／150 千字
版　　次／2017 年 11 月第 1 版　2022 年 8 月第 2 次印刷
定　　价／30.00 元

责任编辑／王艳丽
文案编辑／王艳丽
责任校对／周瑞红
责任印制／李志强

前言 Preface

编者通过对开设通信类专业的高职院校教材选用的调研，得到了大量的反馈数据，数据表明部分教材的理论知识较深，并且缺乏对行业发展趋势及就业岗位的分析。正是在此调研基础上，编者查阅大量的通信类文献，参考国内外通信专家的专著，确定了通信网络概论的编写思路，在教材编写过程中加入了与各专业对应的就业岗位介绍，让读者更为全面地了解通信行业。

本书共分6章，第1章为通信简史，主要介绍通信发展历程，让读者了解从古至今通信方式的变化，以及未来通信发展的趋势；第2章为通信网络分类，主要介绍不同类型的通信网络；第3章为有线通信系统，介绍了不同传输介质的通信方式及对应的就业岗位；第4章为无线通信系统，介绍了无线通信的困惑、无线通信系统关键技术、无线通信系统架构以及无线通信工作岗位；第5章、第6章为微波通信系统及卫星通信系统，主要介绍了微波通信和卫星通信的方式、特性等内容。

本书内容结构清晰，层次分明，通俗易懂，适用性较强，可作为高职院校通信类专业的选用教材，也可作为通信运营企业、通信生产类企业及通信第三方企业的新员工培训教材，同时还可作为通信爱好者自学教材。

本书由江西环境工程职业学院邱波、万梅芬及江西应用技术职业学院古发辉担任主编，江西环境工程职业学院吕昌武，通信工程师刘华、黄小锋担任副主编。本书第1章、第2章由邱波编写，第3章由古发辉编写，第4章、第5章由万梅芬编写，第6章由刘华编写，本书由吕昌武及黄小锋统稿和整理。

本书在编写过程中，参考了大量的通信类文献资料，在此对被引用文献的各位专家学者表示衷心的感谢。

由于编者水平有限，本书疏漏及不妥之处在所难免，恳请专家和读者批评指正。

编　者

目录 Contents

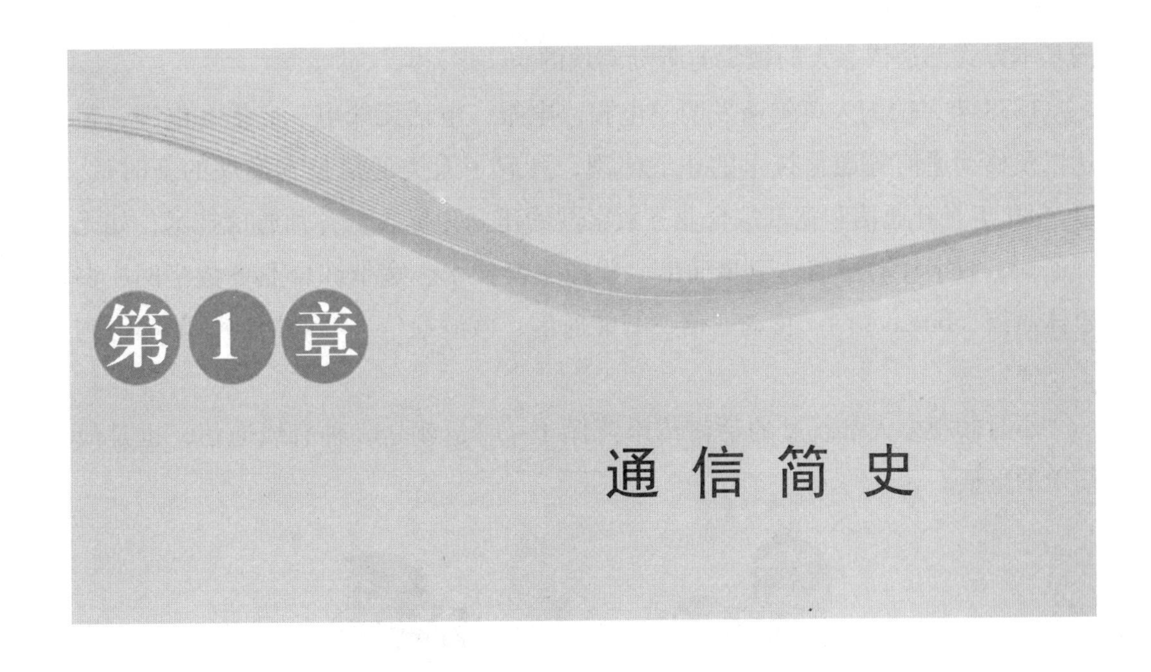

本章包括通信的定义、通信的历史、通信的未来 3 个部分，通过一些广为人知的历史故事，介绍通信发展的历程以及对人们生活的影响。

1.1 通信的定义

所谓通信，最简单的理解，也是最基本的理解，就是人与人沟通的方法。无论是现在的电话还是网络，解决的最基本问题都是人与人的沟通问题。现代通信技术，就是随着科技的不断发展，通过采用最新的技术来不断优化通信的各种方法，让人与人的沟通变得更加便捷、有效。

早在远古时期，人们就通过简单的语言、壁画等方式交换信息。千百年来，人们一直在用语言、图符、钟鼓、烟火、竹简、纸书等传递信息，古代人的烽火狼烟、飞鸽传信、驿马邮递就是通信的三种例子。在现代社会，交警的指挥手语、航海中的旗语等不过是古老通信方式进一步发展的结果。这些信息传递的基本方式都是依靠人的视觉与听觉实现的。

1838 年，德国人莫尔斯发明了电报。电报、电话无线电、广播、电视、雷达以及移动通信等通信技术的相继出现，开启了人类通信技术发展的新时代。以 1980 年光纤通信和宽带综合业务数字网的建立为标志，各种通信技术，如光纤通信、数字移动通信、卫星通信、程控交换技术、宽带综合业务数字网、多媒体通信、Internet 网、移动通信、智能通信、微波通信、物联网通信等都得到了飞速发展。

小时候很多人都玩过的话筒传声（图 1－1），就是一种有线通信，也是最简单的电话。

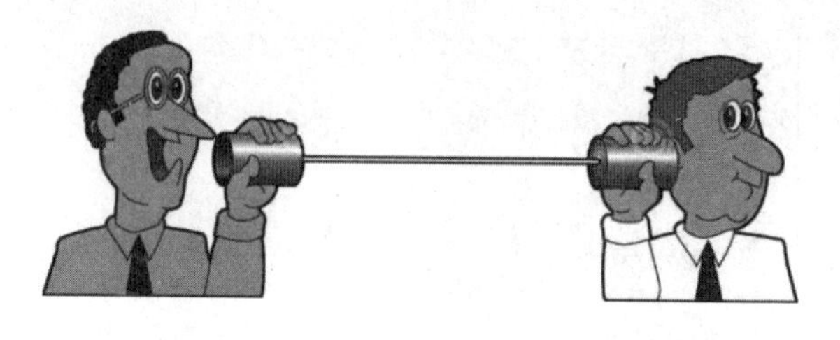

图 1－1　话筒传声

1.2　通信的历史

通信是一个既古老又崭新的话题。其根源可追溯到公元前 3500 年，苏美尔人发明了楔形文字，埃及人发明了象形文字，可以说这是最古老的通信方式。而中国古代的烽火台和非洲一些地方的“击鼓传信”则是无线通信的鼻祖。现代意义上的通信是在人们利用电能之后，1793 年，法国查佩兄弟俩在巴黎和里尔之间架设了一条 230km 长的以接力方式传送信息的托架式线路。据说两兄弟是第一个使用“电报”这个词的人。现代意义上的无线通信是从莫尔斯开始的，1843 年，莫尔斯获得了 3 万美元的资助，他用这笔钱款修建成了从华盛顿到巴尔的摩的电报线路，全长 64. 4km。1844 年 5 月 24 日，在座无虚席的国会大厦里，莫尔斯用他那激动得有些颤抖的双手，操纵着他倾十余年心血研制成功的电报机，向巴尔的摩发出了人类历史上的第一份电报：“上帝创造了何等奇迹!”

当今时代通信产业仍然具有强劲的生命力，依然处在蓬勃发展的阶段，各种新的技术日新月异、层出不穷。但是蓬勃的发展中也有一些亟待解决的问题，这些都是现代通信的不足。从通信发展的历史和现状，也不难看出其未来的发展走势，究竟未来通信将走向何方，是学习通信技术需要着重思考的问题。

1.2.1　人类通信发展史

人类的五次信息革新分别是语言和烽火、文字的创造、印刷术的发明、电报和电话、无线电广播和电视广播。而与这些革新对应的则是各个时代和地区的通信技术的大跨越。正如1.1节中所述，人们自古以来一直在用语言、图符、钟鼓、烟火、竹简、纸书等传递信息，古代人的烽火狼烟、飞鸽传信、驿马邮递就是通信的三种方式。其中驿马邮递随着人类历史的发展逐渐演变成了民信局、邮政局。现在还有一些国家的个别原始部落，仍然保留着诸如击鼓鸣号这样古老的通信方式。人类最早期的这些通信手段的基本方式都是依靠人的视觉与听觉实现的。

1. 烽火狼烟

“烽火”是我国古代用以传递边疆军事情报的一种通信方法，始于公元前800年的商周，延至明清，相习三千多年之久，其中尤以汉代的烽火组织规模为大。在边防军事要塞或交通要冲的高处，每隔一定距离建筑高台，俗称烽火台（图1－2），也称烽燧、墩堠、烟墩等。高台上有驻军守护，发现敌人入侵，白天燃烧柴草以“燔烟”报警，夜间燃烧薪柴以“举烽”（火光）报警。一台燃起烽烟，邻台见之也相继举火，逐台传递，须臾千里，可达到报告敌情、调兵遣将、求得援兵、克敌制胜的目的。

图1－2　烽火台

2. 历史一瞥：烽火戏诸侯

相传有这样一个故事，周幽王有个宠爱的妃子叫褒姒，长得很美，可是总不爱笑。有一天，周幽王为了逗她发笑，就无缘无故地下令点起烽火。各路诸侯看到烽火，都纷纷带兵赶到。结果自然是白跑一趟，上了大当，什么动静也没有。诸侯兵马慌乱的样子，果然把褒姒逗笑了（图 1－3）。可是后来到了真有敌兵入侵的时候，各路诸侯看到烽火，都不再相信了，因而谁也不派兵来救。周幽王因为得不到各路诸侯的援助，最终亡国。

图 1－3　烽火戏诸侯

讨论环节：我国古代还有哪些通信手段属于无线通信？

3. 驿马邮递

公元前 200 多年的汉代，中国的官方通信开始兴起了邮驿（图 1－4）。历代对邮驿有不同名称，早期称传、遽、邮、置等，汉代称邮驿，元以后多称驿站。往返传送官府文书，普通百姓却无法使用。自古就有俗语："十里一走马，五里一扬鞭，一驿过一驿，驿骑如流星"。中国是世界上最早建有驿传的国家之一。驿传为中国政治上的统一、促进文化交流和中外往来做出了贡献。

图 1－4　驿马邮差

4. 民信局的出现

大约在唐朝时期，长安、洛阳之间就有了主要为民间商人服务的“驿驴”（图 1－5）。到了明朝，就出现了专为民间传递信件的民信局。1928 年，当时的南京国民政府召开交通工作会议并通过决议：“民信局应于民国十九年（1930 年）一律废止。”到 1935 年，民信局彻底销声匿迹。

图 1－5　邮差

19 世纪中叶以后，随着电报、电话的发明，电磁波的发现，人类通信领域产生了根本性的巨大变革，实现了利用金属导线来传递信息，甚至通过电磁波来进行无线通信，使神话中的“顺风耳”“千里眼”变成了现实。从此，人类的信息传递脱离了常规的视、听觉方式，用电信号作为新的载体，同时带来了一系列技术革新，开始了人类通信的新时代。

1837 年，美国人塞缪尔·莫尔斯（Samuel Finley Breese Morse）成功地研制出世界上第一台电磁式电报机（图 1－6）。他利用自己设计的电码，将信息转换成一串或长或短的电脉冲传向目的地，再转换为原来的信息。1844 年 5 月 24 日，莫尔斯在国会大厦联邦最高法院会议厅使用莫尔斯电码，发出了人类历史上的第一份电报，从而实现了长途电报通信。

图 1－6　莫尔斯发明的有线电报机

莫尔斯电码在早期无线电技术中举足轻重，是每个无线电通信者所必知的（图 1－7）。随着通信技术进步，各国已于 1999 年停止使用莫尔斯电码，但由于它所占用的频宽最少，又具技术及艺术的特性，在实际生活中仍有广泛的应用。

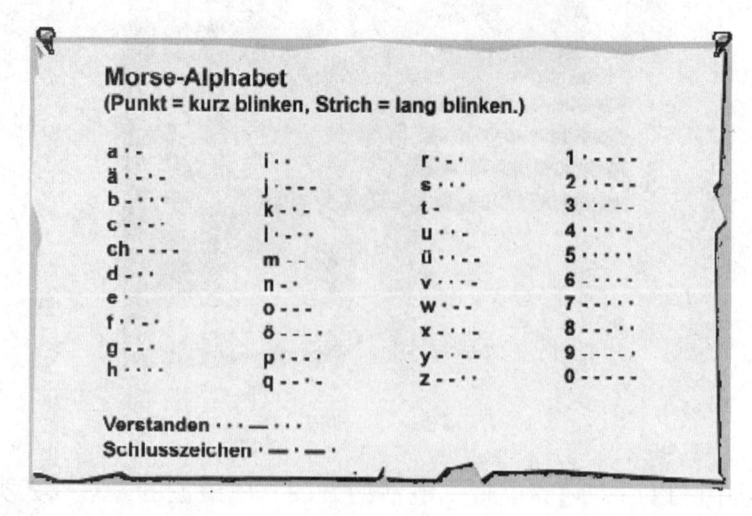

图 1－7　莫尔斯电码

1837 年的莫尔斯电码是一些表示数字的点和画。数字对应单词，需要查找代码表才能知道每个词对应的数。用一个电键可以敲击出点、画及中间的停顿。

一般来说，任何一种能把书面字符用可变长度的信号表示的编码方式都可以称为莫尔斯电码。但现在这一术语只用来特指两种表示英语字母和符号的莫尔斯电码：美式莫尔斯电码被使用在有线电报通信系统中。今天还在使用的国际莫尔斯电码则只使用点和画（去掉了停顿）。

趣味任务：

（1）编写一段莫尔斯电码，内容为“I've been discovered，run.”。

（2）把（1）中的莫尔斯电码传递给你的同学。

后来，贝尔（A. G. Bell）发明了世界上第一台电话机，并于 1876 年申请了发明专利（图 1－8）。1878 年贝尔在相距 300km 的波士顿和纽约之间进行了首次长途电话实验，并获得了成功，后来就成立了著名的贝尔电话公司。

图 1－8　贝尔发明的有线电话机

1904 年英国电气工程师弗莱明发明了二极管。1906 年美国物理学家费森登成功地研究出无线电广播。1920 年美国无线电专家康拉德在匹兹堡建立了世界上第一家商业无线电广播电台，从此广播事业在世界各地蓬勃发展，收音机成为人们了解时事新闻的方便途径。1924 年第一条短波通信线路在瑙恩和布伊诺斯艾利斯之间建立，1933 年法国人克拉维尔建立了英法之间的第一条商用微波无线电线路，推动了无线电技术的进一步发展。图 1－9 所示为马可尼发明的无线收发电报机。

图1－9　马可尼发明的无线收发电报机

通信信息在发射前需要进行“调制”，即将信号“装载”到“载波”上去（图1－10）。这种“调制”分为两种，一种是调幅（AM）；另一种是调频（FM）。平时通过收音机或者网络电台收听的广播就属于调频，如福建交通广播FM100.4，FM表示调制方式为调频，100.4表示信号调制后发射载波所在频道。

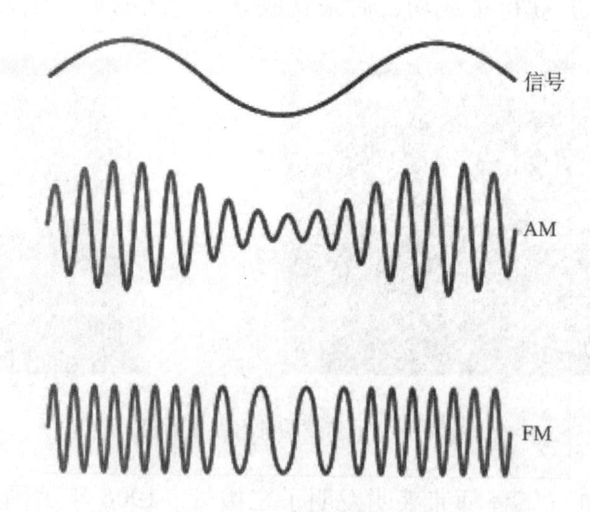

图1－10　无线电信号波形

工程设计上利用频谱仪测量信号频率，图1－11中测量的信号频率为436MHz、带宽为3kHz。

自从1925年美国无线电公司研制出第一部实用的传真机以后，传真技术不断革新。此外，作为信息超远控制的遥控、遥测和遥感技术也是非常重要的技术。遥控是利用通信线路对远处被控对象进行控制的一种技术，用于电气行业、

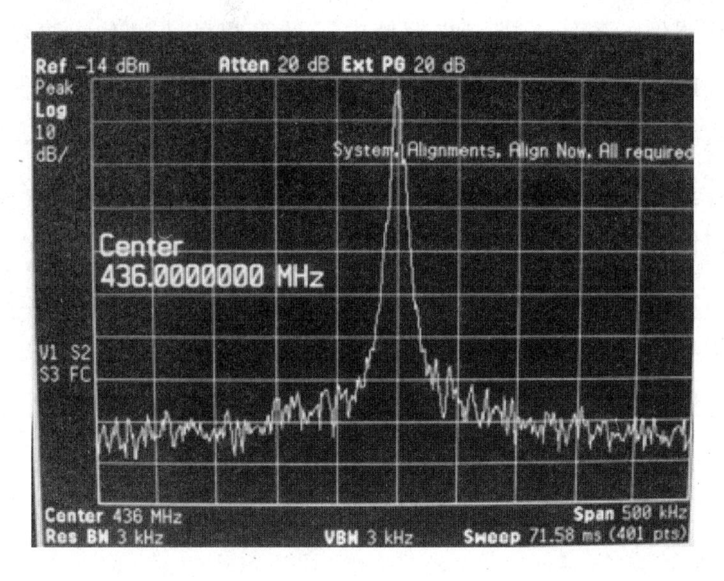

图1－11 信号频率测量

输油管道、化学工业、军事和航天事业。遥测是将远处需要测量的物理量如电压、电流、气压、温度、流量等变换成电量，利用通信线路传送到观察点的一种测量技术，用于气象、军事和航空航天领域。遥感是一门综合性的测量技术，在高空或远处利用传感器接收物体辐射的电磁波信息，经过加工处理或能够识别的图像或电子计算机用的记录磁带，提示被测物体的性质、形状和变化动态，主要用于气象、军事和航空航天事业。

国外的通信工具的革新也使中国开始有了真正有意义的电信事业。1910 年紫禁城正式安装了一部 10 门电话用户交换机，在建福宫、储秀宫和长春宫里安装了 6 部电话机，如图 1－12 所示。

图1－12 紫禁城里的电话机

1946 年美国宾夕法尼亚大学的埃克特和莫希里研制出世界上第一台电子计

算机。电子元器件的革新，进一步促使电子计算机朝小型化、高精度、高可靠性方向发展。1977 年美国、日本科学家制成超大规模集成电路，微电子技术极大地推动了电子计算机的更新换代。为了解决资源共享问题，单一计算机很快发展成多台计算机互联，实现了计算机之间的数据通信、数据共享。20 世纪 80 年代末，多媒体技术的兴起使计算机具备了综合处理文字、声音、图像、影视等各种形式信息的能力，逐渐成为信息处理最重要和必不可少的工具。

通信技术经过漫长而遥远的演进以及近两个世纪的迅猛发展，已经进入用户数量巨大、使用方便的时代，但是它的发展不会停止。

1.2.2 中国当代通信发展史

1. 通信业百废待兴

“楼上楼下，电灯电话”，曾是 20 世纪 70 年代末至 80 年代初中国人心目中的小康生活，与之对应的是，中国人对于通信的需求，长期处在需求与供给严重脱节的状况。

1949 年中华人民共和国成立之初，我国仅有固定电话用户 21.8 万户。而到“文革”结束后的 20 多年间，电话用户的发展几乎停滞不前，从 1949 年到 1978 年这 30 年间，我国电话用户仅增长了 170.8 万户。

在通信业百废待兴的状况下，为了弥补通信资金建设的不足，加快通信业的发展，1979 年年初，邓小平在和王震等四位副总理谈经济工作问题时说，投资的重点，要放在电、煤、石油、交通、电信、建材上来。1980 年 3 月 19 日，邓小平在和胡耀邦、胡乔木、邓力群研究经济规划时再次说：“对经济长远规划的意见，交通问题要放在首位，尤其是邮电通信，对整个经济发展关系极大。”

2. 响彻神州的“BP 机”

相比电话机，寻呼机实现了第一次真正意义上的移动通信，虽然是只能接收不能发送的单向方式，但在那个商品和通信手段均极度匮乏的年代，已经足以引起老百姓的狂热了。

很快，寻呼机收到信息的哔哔声，响彻神州大地，老百姓形象地把这种发着哔哔声的小黑匣子称为“BP 机”（BB 机）（图 1 - 13），拿着 BP 机等着回电话的人，在公用电话前排起了长队。作为 20 世纪 90 年代初的一种流行符号，BP 机的标准佩戴方式是，用机子上的卡子别在皮带上，为了防止丢失还要用一根金属链子拴着，但一定要把衣服束在腰带里面，这样可以把BP机露出来，让别人看到了有面子。和BP机的流行对应，“有事CALL（呼）我”成为老百姓的流行语，就连当时中央电视台黄金时段的广告也是：Motorola寻呼机，随时随地传讯息。一个数据可以显示20世纪90年代初期北京寻呼业的火爆场景。1992年春节，北京126寻呼台每小时寻呼达到了1万次以上。随后，政策的支持也适时而至，使全国各地的寻呼台如雨后春笋般涌现出来，其规模效应迅速呈现。

图1-13　BP机

3. 大款代名词“大哥大”

不过，在实现了单向的移动通信需求后，人们已经不再仅仅满足于能够接收信息。双向通话的需求，使第一代模拟式移动电话——“大哥大”进入了中国人的生活，如图1-14所示。

图1-14　大哥大

时至现在，已经无法印证“大哥大”名称的由来，但在诸多传说中最为可信的是，20世纪90年代初在流行内地的香港电影中，黑社会大佬们身披长风褛，手拿大哥大电话，成为荧幕上“大哥大”的典型形象，于是这款手提电话自然而然就被称为“大哥大”。当时，社会的平均工资只不过是每月百元左右，而相比社会的平均收入水平，昂贵的大哥大显得“高不可攀”。

那时，大哥大被认为是“大款”的象征，能搞到大哥大批文的是“高级倒爷”。20 世纪 90 年代初有一个笑话说，有钱人就是“开着桑塔纳，打着大哥大”。

4. 竞争催生“全球通”

随着移动通信业的发展，引入竞争、促进发展也成为摆在电信改革面前刻不容缓的问题。1993 年 12 月，国务院下发（1993）178 号文件，同意组建中国联通公司。从此，电信业进入了引进竞争、打破垄断的全新阶段。

竞争已成为一种客观现实，要把竞争作为一种动力，以此推进通信发展和服务工作。实际上，“全球通”的品牌（图 1－15），以及在之后时间内推出的“我能”品牌口号，如今已经深入人心，但在当时，其推出的初衷却仅仅是想把老百姓从难懂的 GSM 技术术语中解脱出来，为此还引发了不少争议。

图 1－15　全球通的标志

5. 改制分拆

在电信改革不断深化的过程中，时间的钟表被拨到了 1999 年，这一年，对迄今为止的中国电信业格局起到了至关重要的作用。

1998 年，国务院宣布，推动邮电分营，成立信息产业部，实行政企分开，并在 1999 年 2 月通过电信业重组方案，将移动业务从中国电信中剥离出来，成立中国移动公司，并先后形成了中国移动、中国联通、中国电信、中国网通、中国铁通、中国卫通 6 家基础电信运营商并立的格局。

沉舟侧畔千帆过，中国网通、中国铁通、中国卫通、中国吉通，曾经的这些名字，有些已经没有了，存下的也已“名是人非”了。但是，正是因为它们的努力、贡献，使中国的信息高速路越来越宽，堵车的情况也正在减少，为越来越多的创业人提供了实现梦想的机会。如今的格局是中国电信、中国移动、中国联通三大运营商鼎立，如图 1－16 所示。

图 1－16　中国三大运营商的标志

工信部数据显示，截至 2015 年 12 月底，我国手机用户数达 13.06 亿户，手机用户普及率达 95.5 部/百人，比上年提高 1 部/百人。在京、沪、广、深四大城市，手机普及率已经达到甚至超过 100%。手机用户狂飙的背后，是固定电话市场的大幅萎缩。固定电话用户总数 2.31 亿户，比上年减少 1843.4 万户，普及率下降至 16.9 部/百人。

"第四大基础电信运营商"横空出世，2016 年 5 月 5 日获得了工信部颁发的"基础电信业务经营许可证"批准，中国广播电视网络有限公司（简称中国广电）在全国范围内经营互联网国内数据传送业务、国内通信设施服务业务，主要负责全国范围内有线电视网络的相关业务，开展三网融合业务。这也意味着，中国广电将成为真正意义上的"第四大基础电信运营商"，全行业"宽带广电"战略有望得到加快推进。

根据国家三网融合试点方案，广电行业可以进入规定的一些电信行业开展业务，国有电信企业根据规定可以承接一些广播影视的业务。一个不容回避的现实是，带着"落实国家三网融合战略"使命诞生的中国广电，正逐渐成为事实上的失意者，在网络电视的冲击下，电视存量用户面临进一步分流的威胁。图 1－17 所示是江西广电网络的标志。

图 1－17　江西广电网络的标志

2014 年 7 月，三大运营商共同出资 100 亿元成立中国铁塔公司，移动占股 40%，是第一大股东，联通和电信分别占股 30.1% 和 29.9%（图 1－18、图 1－19）。2015 年中国国新入股，调整了股权结构。公司成立后，全权负责铁塔的建设和维护。未来中国三大电信运营商将不再自己选择基站站址并建造铁塔，而是租用该公司的铁塔。目的是整合运营商铁塔资源，统一运营管理，反对重复建设，节省资本支出。同时进一步提高电信基础设施共建共享水平，缓解企业选址难的问题，增强企业集约型发展的内生动力，从机制上进一步促进节约资源和环境保护。

图 1－18　中国铁塔的组成

图 1－19　中国铁塔的标志

显然，中国的电信业的奇迹仍然在进行当中。

1.3　通信的未来

不可否认，未来的发展中，通信的发展占有举足轻重的地位，同时也发挥着巨大的作用，对其他方面也有重大影响。而未来通信的走向，也与下面这几大重要领域的发展方向有关，也可以说下面几个领域的发展将决定着未来通信业的发展方向。

首先，是大家很关心的互联网。互联网是在分组交换的基础上产生的，数据通信随着互联网的发展而广泛应用。如今，互联网已经将世界各地互联，每时每刻都有成千上万的用户在线。中国是在 1994 年接入互联网的。互联网的发展与普及彻底改变了人们的生活习惯，产生了新的商业运营模式，像电能一样成为人们生活中的一种重要资源，没有它，人们会感到无所适从。通过对近几年 IP 业务蓬勃发展所带来的一系列问题和挑战的再认识，人们开始认识到应该发展下一代互联网，其主要特征应该是可扩展、高可用、可管控、高安全、端到端寻址和呼叫，相应的关键技术是半导体器件和路由器设计技术、路由计算和查找技术、IPv6/MPLS 技术、网络管理技术、QoS 技术、宽带接入技术。互联网已经成为现代社会最重要的信息基础设施之一，成为语音、数据以及视频等业务统一承载的网络。

其次，是使用很广泛的数据通信。数据通信可以说已经深入到社会生活的各个领域，电子邮件、浏览网页、在线电影都可以归结为数据通信。数据通信是依照一定的协议，利用数据传输技术在两个终端之间传递数据信息的一种通信方式和通信业务。数据通信中传递的信息均以二进制数据来表现。为了实现数据通信，必须进行数据传输，即将位于一地的数据源发出的数据信息通过传输信道传送到另一地数据接收设备。为了改善传输质量、降低差错率，并使传输过程有效地进行，系统根据不同应用要求，规定了不同类型的具有差错控制的数据链路控制规程，这些规程有的符合国际标准，有的是国家标准，也有的是公司自己制定的。但对开放性的用户接口，通常是采用国家标准或国际标准，以利于互联互通。

再次，是现在发展十分迅速的无线通信。无线通信中目前最热门的两个方向是 4G/5G（第四代移动通信技术/第五代移动通信技术）和 WiFi/WiMAX。

我国移动通信技术起步虽晚，但在 4G/5G 标准研发上正逐渐成为全球的领跑者。我国在 1G、2G 发展过程中以应用为主，处于引进、跟随、模仿阶段。从 3G 开始，我国初步融入国际发展潮流，大唐集团和西门子共同研发的 TD-SCDMA 成为全球三大标准之一。在 4G 研发上，我国已经有了自主研发的 TD-LTE 系统，并成为全球 4G 的主流标准。在 5G 方面，我国政府、企业、科研机构等各方高度重视前沿布局，力争在全球 5G 标准制定上掌握话语权。中国 5G 标准化研究提案在 2016 世界电信标准化大会（WTSA16）第 6 次全会上已经获得批准，这说明我国5G技术研发已走在世界前列。

WiMAX（Worldwide Interoperability for Microwave Access），即全球微波互联接入。WiMAX也叫IEEE 802.16无线城域网或IEEE 802.16。WiMAX是一项新兴的宽带无线接入技术，能提供面向互联网的高速连接，数据传输距离最远可达50km。

3G/4G/5G使手机更加智能，WiMAX使计算机可以“移动”上网。

通信产业已经进入新一轮的发展阶段。新的技术，新的思想不断产生，很多技术只是刚刚起步。从中可以发现在通信领域中充满着机会，有无数的工作正在等着人们去完成。

1. 有线电报、有线电话、无线收发电报机的发明者是谁?

2. 谈一谈中国电信、中国移动、中国联通、中国铁塔、中国广电网络各自的主营业务及相互之间的关系。

[1] 陈金鹰. 通信导论［M］. 北京：机械工业出版社，2013.

[2] 曹丽娜. 通信概论［M］. 北京：机械工业出版社，2013.

[3]［作者不详］. 中国通信30年发展史［EB/OL］. http：//blog. renren. com/share/232712187/1846270180.

[4]［作者不详］. 历史与文明的产物——浅谈通信发展的历史、现状与未来［EB/OL］. https：//wenku. baidu. com/view/fa70579c51e79b8968022609. html.

第2章 通信网络分类

本章简单叙述通信的组网构成，认识通信网络的概貌，认识通信不仅仅只是人们所认知的移动电话、WiFi、固网。通过简单实际案例展开通信技术的应用，如智能家居、卫星通信、物联网技术等。

2.1 按业务类型进行分类

（1）现代通信网按功能机构可分为业务网、传输网、支撑网。其结构如图2－1所示。

业务网：负责向用户提供各种通信业务。

传输网：负责向各节点之间提供信息的透明传输通道。

支撑网：负责为业务和传送网提供运行所必需的信令、同步、网络管理等功能。

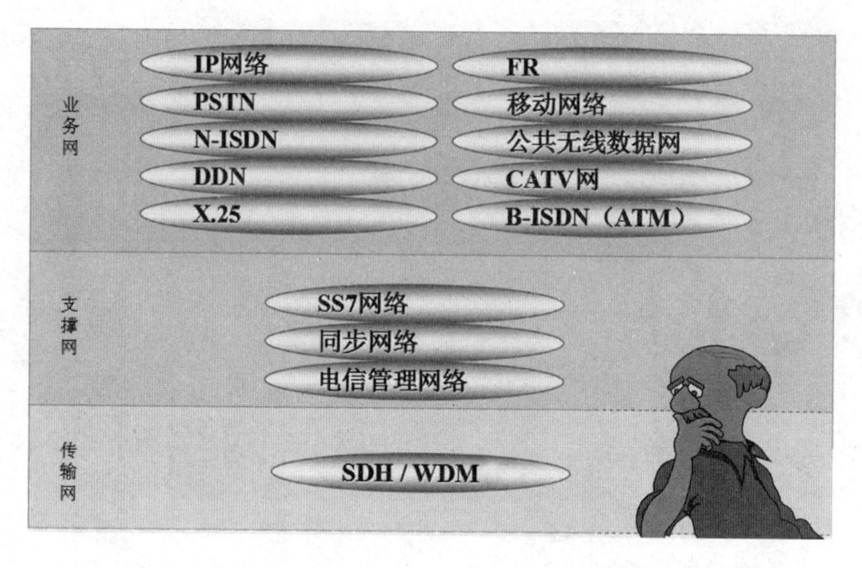

图 2－1　通信网功能结构

（2）按业务性质可分为电话网、公用电报网、数据通信网、有线电视网等。通信网层次结构概貌如图 2－2 所示。

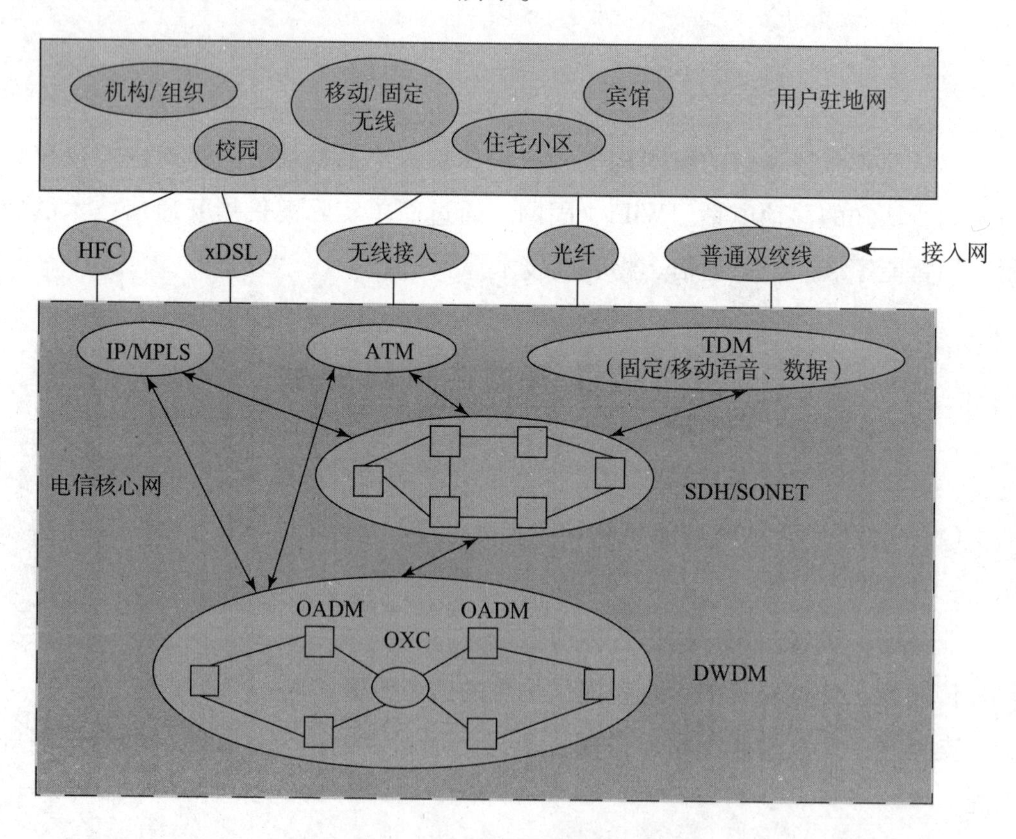

图 2－2　通信网层次结构概貌

2.2　按传输介质进行分类

通信系统可以分为有线（包括光纤）通信和无线通信两大类，有线信道包括架空明线、双绞线、同轴电缆、光缆等。使用架空明线传输介质的通信系统主要有早期的载波电话系统，使用双绞线传输的通信系统有电话系统、计算机局域网等，同轴电缆在微波通信、程控交换等系统中以及设备内部和天线馈线中使用。无线通信依靠电磁波在空间传播达到传递消息的目的，如短波电离层传播、微波视距传输等。

2.3　按通信调制方式分类

根据是否采用调制，可将通信系统分为基带传输和调制传输。基带传输是将未经调制的信号直接传送，如音频市内电话（用户线上传输的信号）、Ethernet 网中传输的信号等。调制的目的是使载波携带要发送的信息，对于正弦载波调制，可以用要发送的信息去控制或改变载波的幅度、频率或相位。接收端通过解调就可以恢复信息。在通信系统中，调制的目的主要有以下几个。

（1）便于信息的传输。调制过程可以将信号频谱搬移到任何需要的频率范围，便于与信道传输特性相匹配。如无线传输时，必须要将信号调制到相应的射频上才能够进行无线电通信。

（2）改变信号占据的带宽。调制后的信号频谱通常被搬移到某个载频附近的频带内，其有效带宽相对于载频而言是一个窄带信号，在此频带内引入的噪声就减小了，从而可以提高系统的抗干扰性。

（3）改善系统的性能。由信息论可知，有可能通过增加带宽的方式来换取接收信噪比的提高，从而可以提高通信系统的可靠性，各种调制方式正是为了达到这些目的而发展起来的。

常见的调制方式及用途如表 2－1 所示。应当指出，在实际系统中，有时采用不同调制方式进行多级调制。如在调频立体声广播中，语音信号首先采用 DSB－SC（Double Side Band with Suppressed Carrier）进行副载波调制，然后再进行调频，这就是采用多级调制方法的例子。

表2－1　常用的调制方式及用途

调制方式			用途
连续波调制	线性调制	常规双边带调幅 AM	中波广播、短波广播
		抑制载波双边带调幅 DSB－SC	调频立体声广播
		单边带调幅 SSB	载波通信、无线电台
		残留边带调幅 VSB	电视广播、数传、传真
		频率调制 FM	调频广播、卫星通信
	非线性调制	相位调制	中间调制方式
		幅度键控 ASK	数据传输
	数字调制	频率键控 FSK	数据传输
		相位键控 PSK、DPSK、QPSK 等	数字微波、空间通信、移动通信、卫星导航
		其他数字调制 QAM、MSK、GMSK 等	数字微波中继、空间通信、移动通信系统
脉冲调制	脉冲模拟调制	脉幅调制 PAM	中间调制方式、数字用户线线路码
		脉宽调制 PDM（PWM）	中间调制方式
		脉位调制 PPM	遥测、光纤传输
	脉冲数字调制	脉码调制 PCM	语音编码、程控数字交换、卫星、空间通信
		增量调制 M、CVSD 等	军用、民用语音编码
		差分脉码调制 DPCM	语音、图像编码
		其他语音编码方式 ADPCM	中低速率语音压缩编码

2.4　按通信传输信号特征进行分类

按照信道中所传输的信号是模拟信号还是数字信号，可以相应地把通信系统分成两类，即模拟通信系统和数字通信系统。数字通信系统在最近几十年获得了快速发展，数字通信系统也是目前商用通信系统的主流。

2.5　按传送信号的复用和多址方式进行分类

复用是指多路信号利用同一个信道进行独立传输。传送多路信号目前有4种复用方式，即频分复用（Frequency Division Multiplexing，FDM）、时分复用（Time Division Multiplexing，TDM）、码分多路复用（Code Division Multiplexing，CDM）和波分复用（Wave Length Division Multiplexing，WDM）。

FDM是采用频谱搬移的办法使不同信号分别占据不同的频带进行传输，时分复用是使不同信号分别占据不同的时间片段进行传输，码分复用则是采用一组正交的脉冲序列分别携带不同的信号。波分复用使用在光纤通信中，可以在一条光纤内同时传输多个波长的光信号，成倍提高光纤的传输容量。

多址是指在多用户通信系统中区分多个用户的方式。例如，在移动通信系统中，同时为多个移动用户提供通信服务，需要采取某种方式区分各个通信用户，多址方式主要有频分多址（Frequency Division Multiple Access，FDMA）、时分多址（Time Division Multiple Access，TDMA）和码分多址（Code Division Multiple Access，CDMA）3种方式。移动通信系统是各种多址技术应用的一个十分典型的例子。第一代移动通信系统，如（Total Access Communications System，TACS）、（Advanced Mobile Phone System，AMPS）都是FDMA的模拟通信系统，即同一基站下的无线通话用户分别占据不同的频带传输信息。第二代（2G，2nd Generation）移动通信系统则多是TDMA的数字通信系统，GSM是目前全球市场占有率最高的2G移动通信系统，是典型的TDMA的通信系统。2G移动通信标准中唯一采用CDMA技术的是IS－95 CDMA通信系统。而第三代（3G，3rd Generation）移动通信系统的3种主流通信标准W－CDMA、CDMA2000和TD－SCDMA则全部是基于CDMA的通信系统。

2.6　按通信工作频段进行分类

按照通信设备的工作频率或波长的不同，分为长波通信、中波通信、短波通信、微波通信等。表2-2列出了通信使用的频段、常用的传输介质及主要用途。

表2-2 通信使用的频段、常用的传输介质及主要用途

频率范围	波长	符号	传输介质	主要用途
3Hz~3kHz	$10^8\sim10^9$m	极低频(ELF)	有线线对 长波无线电	音频电话、数据终端、远程导航、水下通信、对潜通信
3~30kHz	$10^5\sim10^6$m	甚低频(VLF)	有线线对 长波无线电	远程导航、水下通信、声呐
30~300kHz	$10^3\sim10^4$m	低频(LF)	有线线对 长波无线电	导航、信标、电力线、通信
300kHz~3MHz	$10^2\sim10^3$m	中频(MF)	同轴电缆 短波无线电	调幅广播、移动陆地通信、业余无线电
3~30MHz	$10\sim10^2$m	高频(HF)	同轴电缆 短波无线电	移动无线电话、短波广播定点军用通信、业余无线电
30~300MHz	1~10m	甚高频(VHF)	同轴电缆 米波无线电	电视、调频广播、空中管制、车辆、通信、导航、寻呼
300MHz~3GHz	0.1~1m	特高频(UHF)	波导 分米波无线电	微波接力、卫星和空间通信、雷达、移动通信、卫星导航
3~30GHz	10^{-1}m	超高频(SHF)	波导 厘米波无线电	微波接力、卫星和空间通信、雷达
30~300GHz	$10^{-3}\sim10^{-2}$m	极高频(EHF)	波导 毫米波无线电	雷达、微波接力
43THz~3000THz	$3.8\times10^{-2}\sim10^{-3}$m	可见光 红外光 紫外光	光纤 空间传播	光纤通信 无线光通信

工作波长与频率的换算公式为

$$\lambda = \frac{f}{c} \tag{2-1}$$

式中 λ——工作波长，m；

f——工作频率，Hz；

c——光速，m/s。

对于1GHz以上的频段，采用10倍频程进行划分太粗略，因此国际上采用了另外一种通用的频段划分方式，如表2-3所示。

表 2－3　国际通用频段划分及部分典型应用

频率范围	名称	典型应用、典型通信系统
3～30MHz	HF	移动无线电话、短波广播定点军用通信、业余无线电
30～300MHz	VHF	调频广播、模拟电视广播、寻呼、无线电导航、超短波电台
0.3～1.0GHz	UHF	移动通信、对讲机、卫星通信、微波链路、无线电导航、雷达
1.0～2.0GHz	L	移动通信、GPS、雷达、微波中继链路、无线电导航、卫星通信
2.0～4.0GHz	S	移动通信、无线局域网、航天测控、微波中继、卫星通信
4.0～8.0GHz	C	微波中继、卫星通信、无线局域网
9.0～12.5GHz	X	微波中继、卫星通信、雷达
12.5～18.0GHz	Ku	微波中继、卫星通信、雷达
18.0～26.5GHz	K	微波中继、卫星通信、雷达
26.5～40.0GHz	Ka	微波中继、卫星通信、雷达
40.0～60.0GHz	F	
60.0～90.0GHz	E	
90.0～140.0GHz	V	

讨论环节：试指出我们身边的通信技术的应用及其网络构成方式。

课后练习

1. 通信网的架构分为哪 3 个？
2. 三大支撑网是什么？
3. 通信网的基本构成是什么？
4. 列举通信网络在各行业中的应用及其所处的位置。

参考文献

工业和信息化部教育与考试中心．通信专业综合能力与实务——传输与接入［M］．北京：人民邮电出版社，2014.

有线通信是指通过有线传输介质将通信设备进行物理的连接，从而实现通信设备间信息的交换。有线传输介质主要有双绞线（网线）、同轴电缆、光纤光缆。其中光纤具有高带宽（传输容量大）、低损耗（传输距离远）、不受电磁干扰（无源性）、传输速度快等优点，成为目前有线信息传输中的主要技术手段，尤其是长距离的信号传输，因此本章内容主要围绕光纤（光缆）通信技术进行简要描述。

3.1 明线通信

架空明线：由电杆支持架于地面上的裸导线电信线路，行业内简称为明线。架空明线是通信线路中的一种，通常用来传送电话、电报、传真和数据等电信业务。

中文名：架空明线

英文名：Openwire Telecommunication Line

美国在1844年建设了世界上第一条通信线路，连接华盛顿和巴尔的摩，采用的就是架空明线，传送的是电报业务，全长64km。

最初的架空明线采用单线式，以大地作为回线，传送电报业务时，单线回路存在的问题还没有暴露出来，但到了1876年电话发明了，初期采用的依然是单线式。打电话的经历大家都有，电话的双方实时通话，通话声音的好坏大家马上就可以判断出来。

所以，在最初采用单线式的架空明线传送电话业务时，用户发现电话的串音、杂音十分严重。出现这种现象的原因主要是电磁感应所致。通过科学技术人员的研究发现，采用对称式双线的方式，两条圆形导线采用相同的材料和直径，构成双线回路；而且两条导线每隔一定距离进行交叉换位，这就是明线交叉。通过这种方式降低串音的效果十分明显。

1855年，美国在纽约和波士顿之间成功架设了一条双线回路的电话线路。到了1918年人们开始使用架空明线传送载波电话信号。1938年基于明线传输的12路载波电话也被发明出来了！当然，这些都是“老古董”。现在的“新新人类”大多都没有听说过。

再来介绍中国的明线使用情况。1881年12月，中国建成了天津到上海的第一条电报明线传输线路，全长1537.5km。1936年中国在杭州和温州之间开通了国内第一条载波电话明线传输线路。中华人民共和国成立后，我国的通信事业发展迅猛，1949—1952年，我国各主要城市的长途明线迅速恢复与建成。1955年，12路载波电话工程在北京和上海之间顺利开通。

在通信线路发展早期，长途电缆和光缆尚未大规模投入使用。由于明线构造简单，容易架设和维修，初次投资较少，架空明线在促进通信事业发展上起到了巨大的作用。

通常架空明线的形象是这样的：每50m左右竖立一根水泥杆，有的地方甚至用木杆，把它通称为电杆。在每根电杆上常常安装1～5层线担，也有的叫它们横担。至于线担的材料，也没有太多的区别，有的用木材，有的用角钢，如图3－1所示。

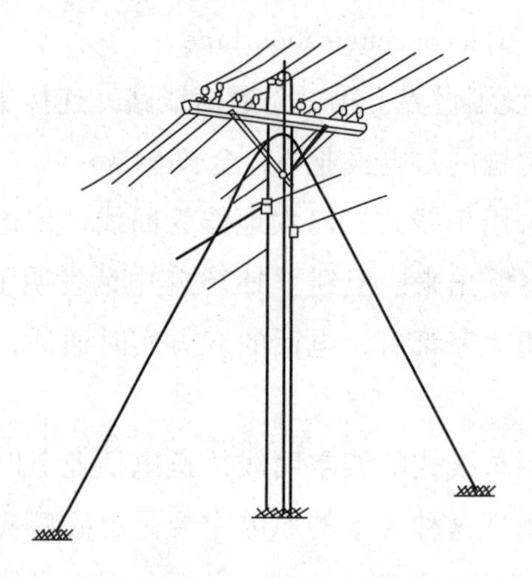

图 3－1　明线架空

3.2　电缆通信

3.2.1　通信电缆线路概述

1. 电话通信系统的基本构成

电话通信系统的基本任务是提供从任一个终端到另一个终端传送语音信息的路由，完成信息传输、信息交换后为终端提供良好的服务。

电话通信系统的基本构成如图 3－2 所示。

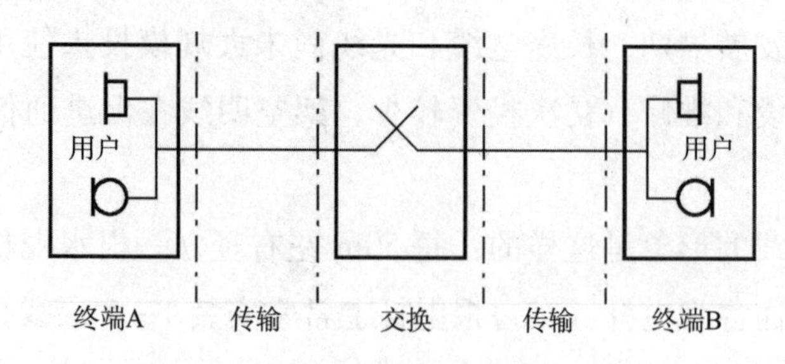

图 3－2　电话通信系统的基本构成

2. 本地电话网

本地电话网（Local Telephone Network）是指在一个长途编号区内，由若干端局（或端局与汇接局）、局间中继线、长市中继线及端局用户线所组成的自动电话网。

本地电话网的主要特点是在一个长途编号区内只有一个本地网，同一个本地网的用户之间呼叫只拨本地电话号码，而呼叫本地网以外的用户则需按长途程序拨号。

我国本地电话网有以下两种类型。

（1）特大城市、大城市本地电话网。

（2）中、小城市及县本地电话网。

3. 两级网络结构

两级网络结构如图3－3所示。

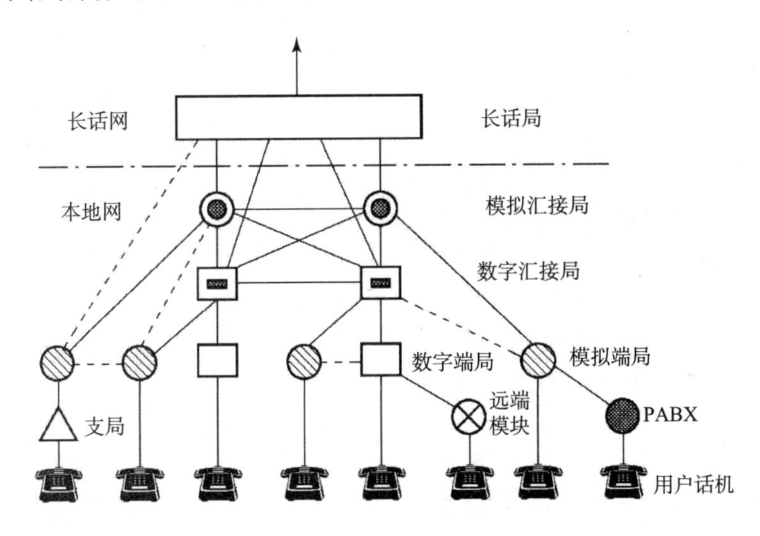

图3－3　两级网络结构

4. 电话实现方式

（1）电缆直接连接：MDF（总配线架）→电缆交接箱→电缆分线箱（盒）→用户。

（2）OLT→EPON→ONU→用户。

3.2.2　全塑电缆的分类和型号

1. 全塑电缆的分类

全塑市内通信电缆的常见类型如下。

（1）按电缆结构类型分，可分为非填充型和填充型。

（2）按导线材料分，可分为铜导线和铝导线。

（3）按芯线绝缘结构分，可分为实心绝缘、泡沫绝缘、泡沫/实心皮绝缘。

（4）按线对绞合方式分，可分为对绞式和星绞式。

（5）按芯线绝缘颜色分，可分为全色谱和普通色谱。

2. 全塑电缆的型号

电缆型号是识别电缆规格程式和用途的代号。按照用途、芯线结构、导线材料、绝缘材料、护层材料、外护层材料等，分别用不同的汉语拼音字母和数字来表示，称为电缆型号（见表3－1）。

表3－1　电缆型号中各代号的含义

类别、用途	导体	绝缘层	内护层	特征	外护层	派生
H：市话电缆 HE：长途通信电缆 HJ：局用电缆 HP：配线电缆	G：钢 L：铝 T：铜（省略不标）	M：棉纱 V：聚氯乙烯 Y：聚乙烯 YF：泡沫聚乙烯 Z：纸（省略不标） YP：聚乙烯发泡带实心皮	A：铝－聚乙烯综合粘接护层 BM：棉纱编织 G：钢管 GW：皱纹钢管 L：铝管 LW：皱纹铝管 Q：铅包（省略不标） S：钢－铝－聚乙烯 V：聚氯乙烯 Y：聚乙烯 AG：表示铝塑综合粘接护层的复合铝带是轧纹的	B：扁、平行 C：自承式 J：交换机用 P：屏蔽 T：填充石油膏 Z：表示综合电缆兼有高、低频线对	02：聚氯乙烯套 03：聚乙烯套 20：裸钢带铠装 （21）：钢带铠装纤维外被 22：钢带铠装聚氯乙烯套 23：钢带铠装聚乙烯套 30：裸细圆钢丝铠装 （31）：细圆钢丝铠装纤维外被 32：细圆钢丝铠装聚氯乙烯套 33：细圆钢丝铠装聚乙烯套 （40）：裸粗圆钢丝铠装 41：粗圆钢丝铠装纤维外被 （42）：粗圆钢丝铠装聚氯乙烯套 （43;）粗圆钢丝铠装聚乙烯套 441：双粗圆钢丝铠装纤维外被 241：钢带－粗圆钢丝铠装纤维外被 2441：钢带－双粗圆钢丝铠装纤维外被	－1：第一种 －2：第二种 －252：252kHz －120：120kHz

［示例］HYA－100×2×0.4，表示铜芯、实心聚烯烃绝缘、涂塑铝带粘接屏蔽、容量为100对、对绞式、线径为0.4mm的市内通信全塑电缆。

3.2.3 市话电缆缆芯结构

全塑市内通信电缆的缆芯主要由芯线、芯线绝缘、缆芯绝缘、缆芯扎带及包带层等组成。

芯线由金属导线和绝缘层组成。

导线的线质为电解软铜，铜线的线径主要有 0.32mm、0.4mm、0.5mm、0.6mm、0.8mm 5 种。

1. 芯线扭绞

芯线扭绞是将一对线的两根导线均匀地绕着同一轴线旋转。常用对绞和星绞两种，如图 3－4 所示。

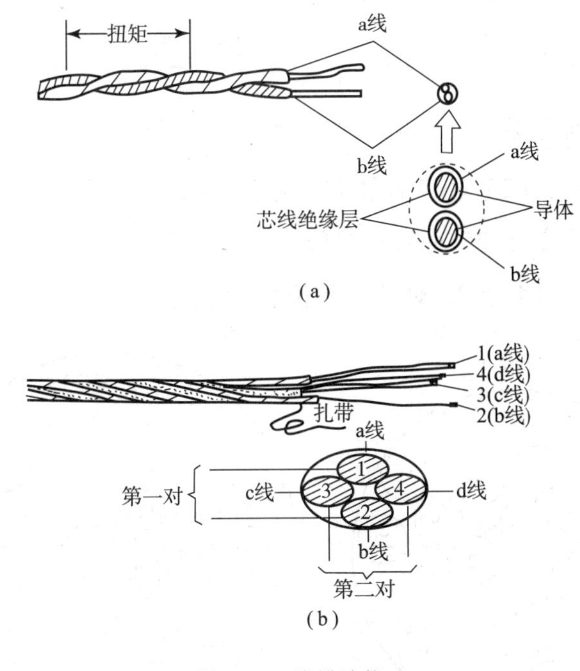

图 3－4 线缆缠绕法

(a) 对绞式；(b) 星绞式

芯线扭绞的作用：为了减少线对之间的电磁耦合，提高线对之间的抗干扰能力。

2. 芯线色谱

全色谱的含义是指电缆中的任何一对芯线，都可以通过各级单位的扎带颜色以及线对的颜色来识别，换句话说，给出线号就可以找出线对，拿出线对就可以说出线号。

由 10 种颜色两两组合成 25 个组合（表 3－2）。

a 线：白，红，黑，黄，紫。

b 线：蓝，橘，绿，棕，灰。

a 线又称为引导色谱，b 线又称为循环色谱。

表 3－2　全色谱与线对编号色谱

线序	01	02	03	04	05	06	07	08	09	10	11	12	13	14	15
a 线	白	白	白	白	白	红	红	红	红	红	黑	黑	黑	黑	黑
b 线	蓝	橘	绿	棕	灰	蓝	橘	绿	棕	灰	蓝	橘	绿	棕	灰
线序	16	17	18	19	20	21	22	23	24	25					
a 线	黄	黄	黄	黄	黄	紫	紫	紫	紫	紫					
b 线	蓝	橘	绿	棕	灰	蓝	橘	绿	棕	灰					

3. 全色谱电缆缆芯常见的 3 种单位

（1）基本单位 U（25 对基本单位，见图 3－5）。

（2）超单位 S（2 个 25 对基本单位）。

（3）超单位 SD（4 个 25 对基本单位）。

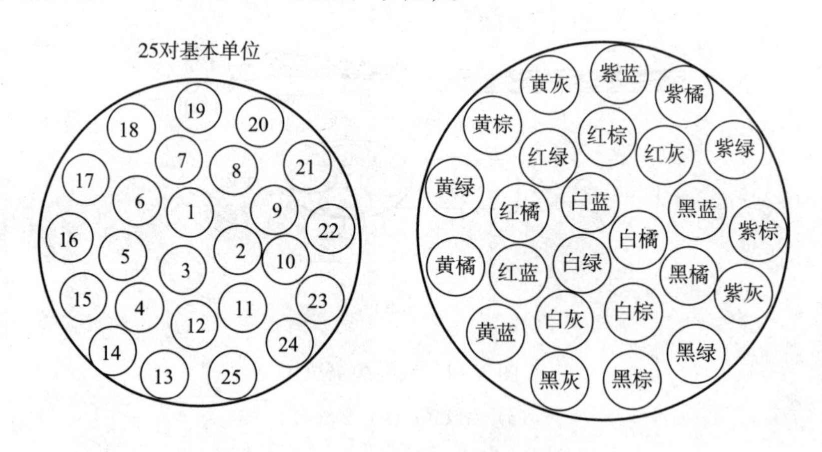

图 3－5　25 对基本单位线对色谱

4. 全塑市内通信电缆的端别

面对电缆截面，按芯线基本单位扎带颜色白蓝、白橘、白绿等（基本单位扎带序号由小到大）依次顺时针排列为 A 端，反之为 B 端。

全塑市内通信电缆 A 端用红色标志，又叫内端伸出电缆盘外，常用红色端帽封合或用红色胶带包扎，规定 A 端面向局方。另一端为 B 端用绿色标志，常用绿色端帽封合或绿色胶带包扎，一般又叫外端，紧固在电缆盘内，绞缆方向为逆时针，规定外端面向用户。

100 对及以上的全塑电缆的敷设应按下列规定置放 A、B 端。

汇接局 - 分局，以汇接局侧为 A 端；分局 - 支局，以分局侧为 A 端；局 - 交接箱，以局侧为 A 端；局 - 用户，以局侧为 A 端；交接箱 - 用户，以交接箱侧为 A 端。

汇接局、分（支）局、交接箱之间布放电缆时，端别要力求做到局内统一。可以以一个交换区域的中心侧为 A 端，也可以以局号大小来划分，或以区域交换的汇接局、分（支）局、交接箱侧为 A 端。

5. 电缆障碍种类

（1）断线：电缆芯线断开。

（2）混线：芯线相碰触（又名短路）。本对线间相碰为自混；不同线对间芯线相碰为它混。

（3）地气：芯线与金属屏蔽层（地）相碰，又称接地。

（4）反接：本对芯线的 a、b 线在电缆中间或接头中间错接。

（5）差接：本对芯线的 a（或 b）线错与另一对芯线的 b（或 a）线相接，又称鸳鸯对。

（6）交接：本对线在电缆中间或接头中间错接到另一对芯线，产生错号，又称跳对。

6. 不良线对检验

1）断线检验

断线检验，如图 3 - 6 所示。通过模块型接线子将一端短路，另一端用模块

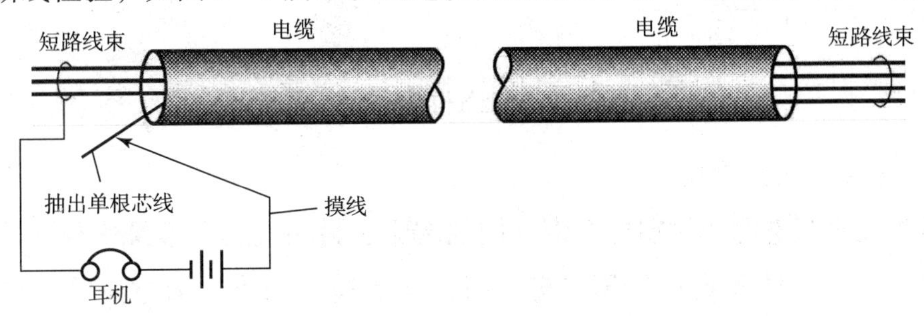

图 3 - 6　断线检验示意图

开路，在调试端接出一根引线与耳机及干电池（3 ~ 6V）串联后，再接出一根摸线连测试塞子，通过模块型接线子的测试孔与芯线接触，如耳机听到“咯”声，说明是好线，如无声是断线。

2）混线检验

混线检验，如图 3 - 7 所示，测试端的接法与断线检验相同，另一端全部芯线腾空，当摸线通过试线塞子和测试孔与被测芯线接触时耳机内听到“咯”声，即表明有混线。

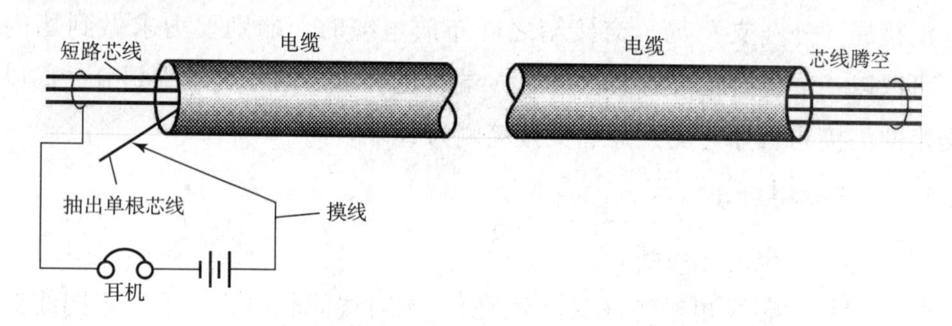

图 3 - 7　混线检验示意图

3）地气检验

地气检验，如图 3 - 8 所示。电缆的另一端芯线全部腾空，测试端的耳机一端与金属屏蔽层连接，“摸线”通过试线塞子和模块型接线子的测试孔与芯线逐一碰触，当听到“咯”声时，即表示有地气。

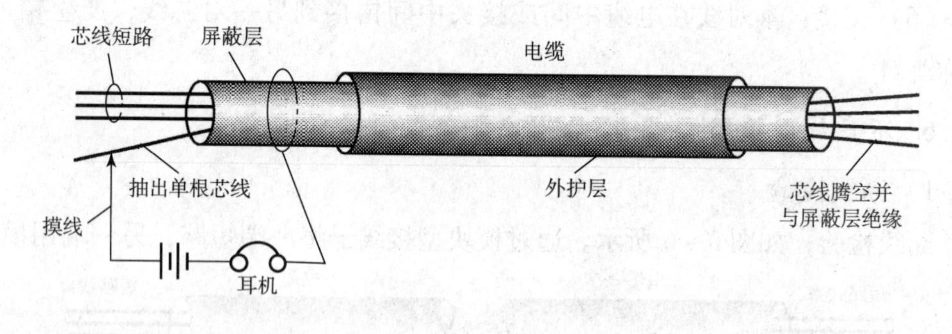

图 3 - 8　地气检验示意图

4）电缆气闭性检验

首先在全塑电缆的一端封上带气门的端帽，另一端封上不带气门的热缩端帽，以便充入气体和测量气压。充气时，在电缆气门嘴处通过皮管连接一个 0 ~ 0. 25MPa 的气压表，用来指示气压，充气设备本身及输气管等不得漏气。充气设备可用人工打气筒或移动式充气机，充入电缆内的空气要经过干燥和过滤，滤气罐一般由有机玻璃制成，内装干燥剂（无水氯化钙或硅胶）。使用时，一般应串接两个滤气罐，如图 3－9 所示。

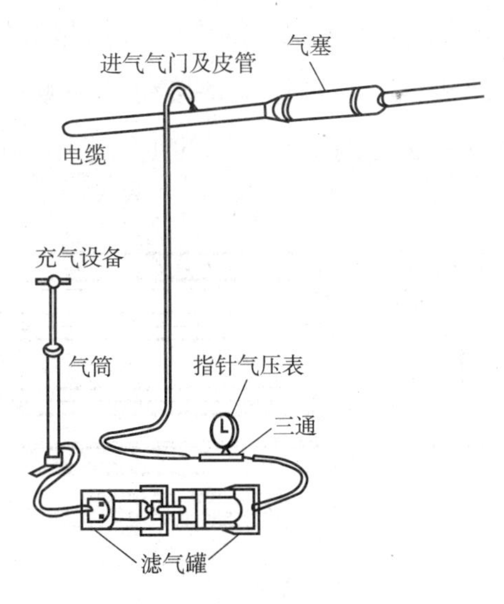

图 3－9　电缆充气检验示意图

5）绝缘电阻的测量

绝缘电阻测量包括芯线间和芯线对地（金属屏蔽层）的绝缘电阻。在温度为 20℃、相对湿度为 80% 时，全塑市内通信电缆绝缘电阻一般填充型每千米不小于 3000MΩ；非填充型每千米不小于 10000MΩ（以 500V 高阻计）。聚氯乙烯绝缘电缆每千米不小于 200MΩ。测试电缆芯线绝缘电阻，一般使用 250V、500V、量程为 1000MΩ 的兆欧表（又称为摇表或梅格表）。测试时，首先将电缆两端护套各剥开 10～20cm，然后用兆欧表测试。用摇表测试芯线间的绝缘电阻接线方法如图 3－10 所示。

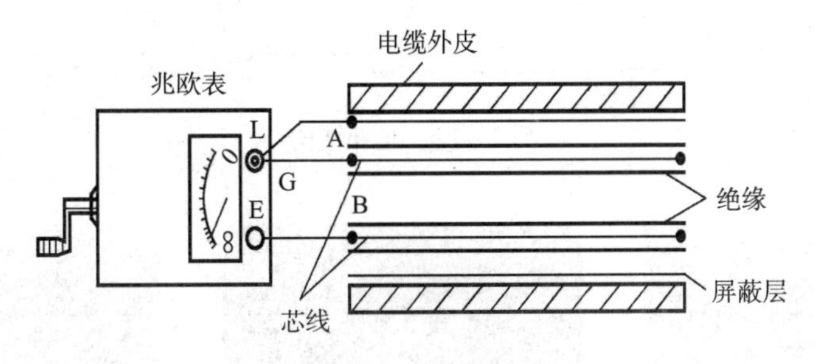

图 3－10　测试芯线间的绝缘电阻接线方法

（1）将兆欧表的 L 端接线柱接一根芯线，E 端接线柱接至另一根芯线，G

端保护环接地，测试时要把仪表放平，然后直接读出绝缘电阻值摇动手摇发电机，转速由慢逐渐加快，表针稳定后即可直接读出绝缘电阻值。

（2）测试芯线对地绝缘电阻接线如图 3－11 所示。此时应将芯线与金属屏蔽层之间保持开路，L 端接线柱接至被测芯线，E 端接线柱接至金属屏蔽层，G 端保护环接至芯线绝缘层表面。通过模块型接线子和测试塞子，可测试芯线与地之间的绝缘电阻，测试方法与测试芯线间的绝缘电阻相似。

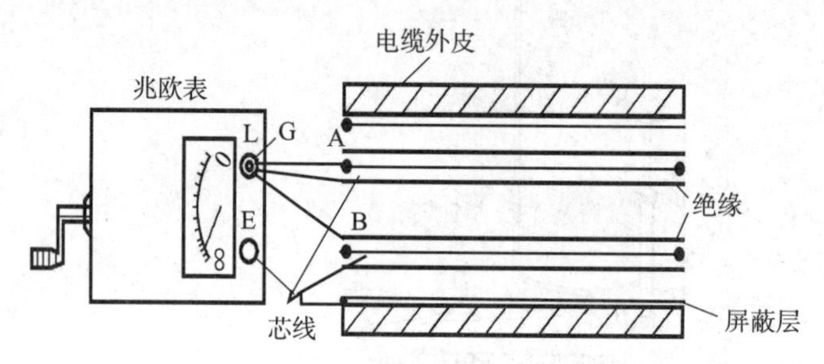

图 3－11　测试芯线对地绝缘电阻接线

3.3　光纤通信

光纤又称为光导纤维，由纤芯与涂覆层（包层）组成，以石英（SiO_2）为原材料，光纤通常由纤芯、涂覆层和包层组成，如图 3－12 所示，光纤实物如图 3－13 所示，其横截面结构如图 3－14 所示。

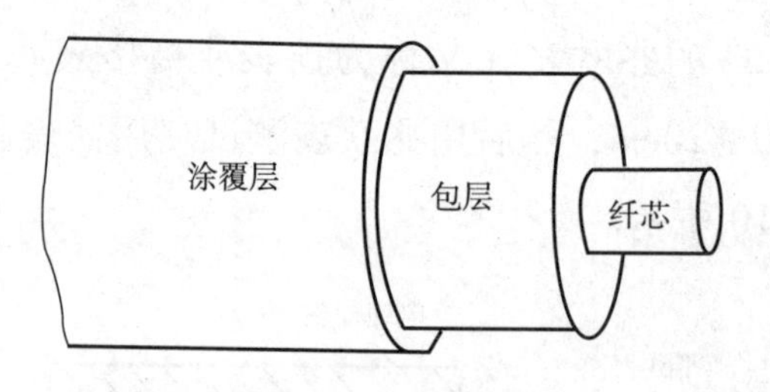

图 3－12　光纤结构

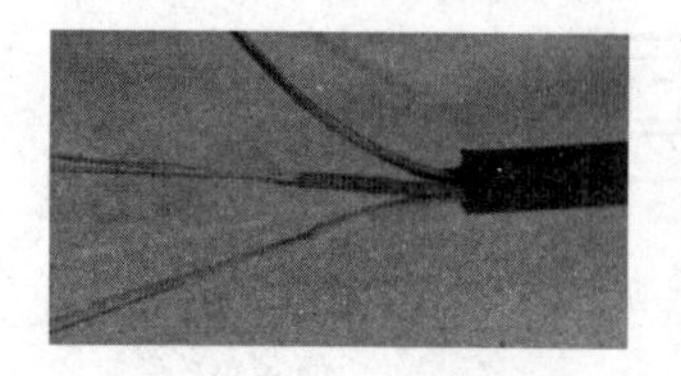

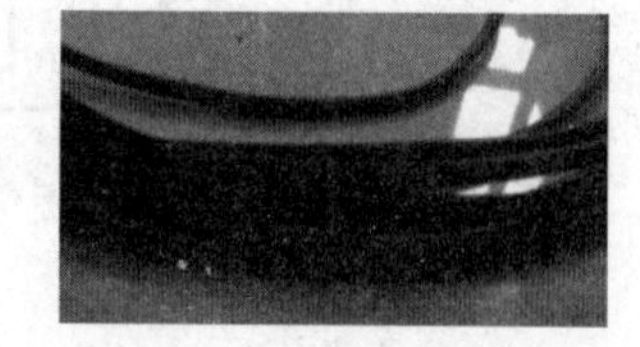

图 3－13　光纤实物

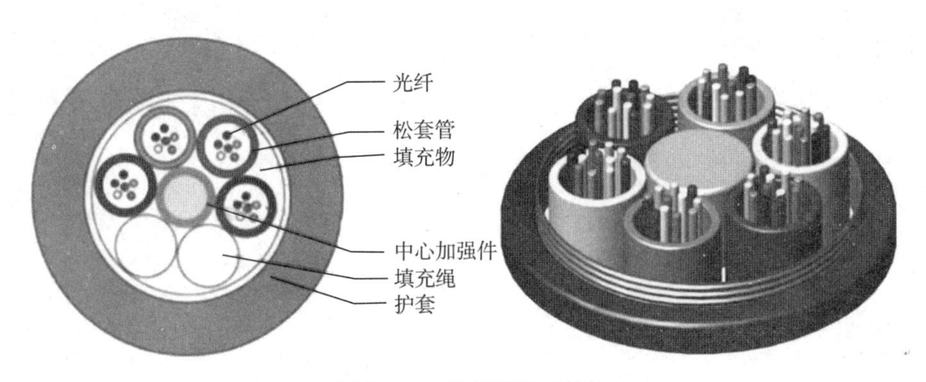

图 3－14　光纤横截面结构

光纤通信，即以光波为载体，通过光线（光导纤维）为传输介质的一种通信技术。

> **小知识：** UV 光纤是用 UV 光固化光纤涂料生产的光纤的简称。UV 是紫外线的意思，它固化速度快，适于光纤高速拉丝，提高了光纤生产效率。UV 光固化光纤涂料是在光纤生产中得到广泛应用的光纤涂料，它是目前市场主要的生产工艺。

3.4　光纤的导光原理

光在不同物质中的传播速度是不同的，当光从一种物质射进另一种物质时，在两种物质的交界面处会产生折射和反射（图 3－15）。同时折射光的角度会随入射光的角度变化而变化。当入射光的角度达到或超过某一角度时，折射光会消失，入射光全部被反射回来，这就是光的全反射。不同的物质有不同的光折射率。相同的物质对不同波长光的折射角度也是不同的。

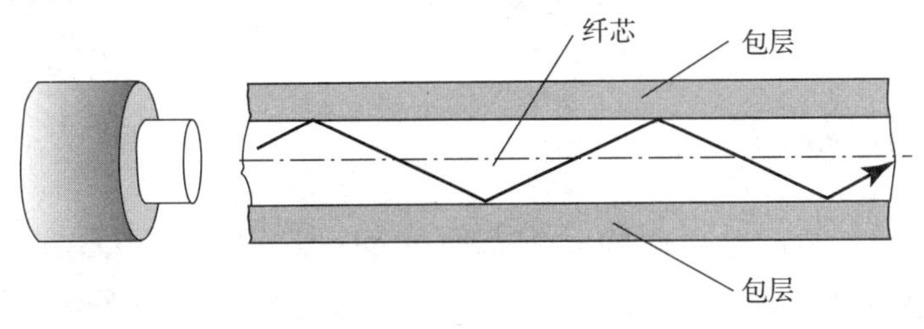

图 3－15　光纤导光原理示意图

光纤工作的基础是光的全内反射，当射入的光的入射角大于纤维包层间的临界角时，就会在光纤的接口上产生全内反射，并在光纤内部反复逐次反射，直至传递到另一端面。光纤通信即利用全光放射实现光通信。

3.5 光纤（缆）的类型

3.5.1 传输模式

从传输模式上可将光线分为单模光纤（SMF）与多模光纤（MMF）。“模”是指以一定的角速度进入光纤的一束光。

单模光纤采用固体激光器作为光源，多模光纤则采用发光二极管作为光源。多模光纤允许多束光在光纤中同时传播，从而形成模分散（因为每一个“模”光进入光纤的角度不同，所以它们到达另一端点的时间也不同，这种特征称为模分散）。多模光纤的芯线粗，传输速度低、距离短、成本低。

单模光纤只允许一束光传播，因此单模光纤没有模分散特性，从而单模光纤的纤芯相应较细，传输频带宽、容量大、传输距离长，但因其需要激光源，故成本较高，如图 3 – 16 所示。

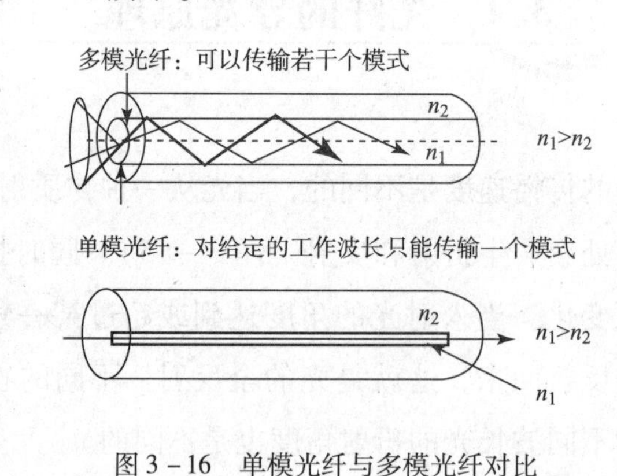

图 3 – 16　单模光纤与多模光纤对比

3.5.2 敷设方式

从敷设方式上分，可将光缆分为架空光缆、管道光缆、直埋光缆、水底光缆。实际工程设计中需根据不同的敷设方式选用结构不同的光缆，如图 3 – 17 ~ 图 3 – 20 所示。

图3－17　架空光缆

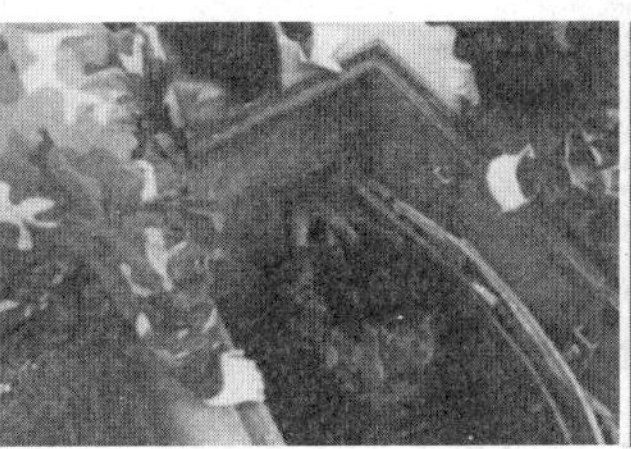
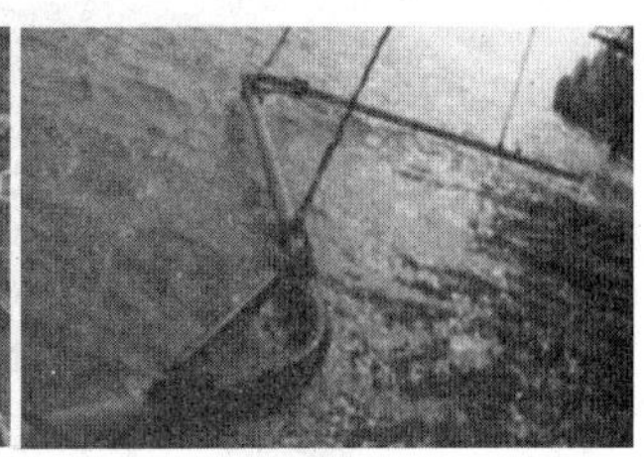

图3－18　管道光缆

图3－19　直埋光缆

图3－20　海底光缆

3.5.3 光缆结构

从缆芯结构来看，光缆可分为层绞式光缆、中心管式光缆、骨架式光缆、带状光缆。通常未做特别说明时，光缆缆芯结构为层绞式结构。中心管式光缆因其轻便性所以多用于架空敷设，骨架式光缆属于特殊结构光缆，一般用于海底光缆工程建设。具体结构如图 3－21 所示。

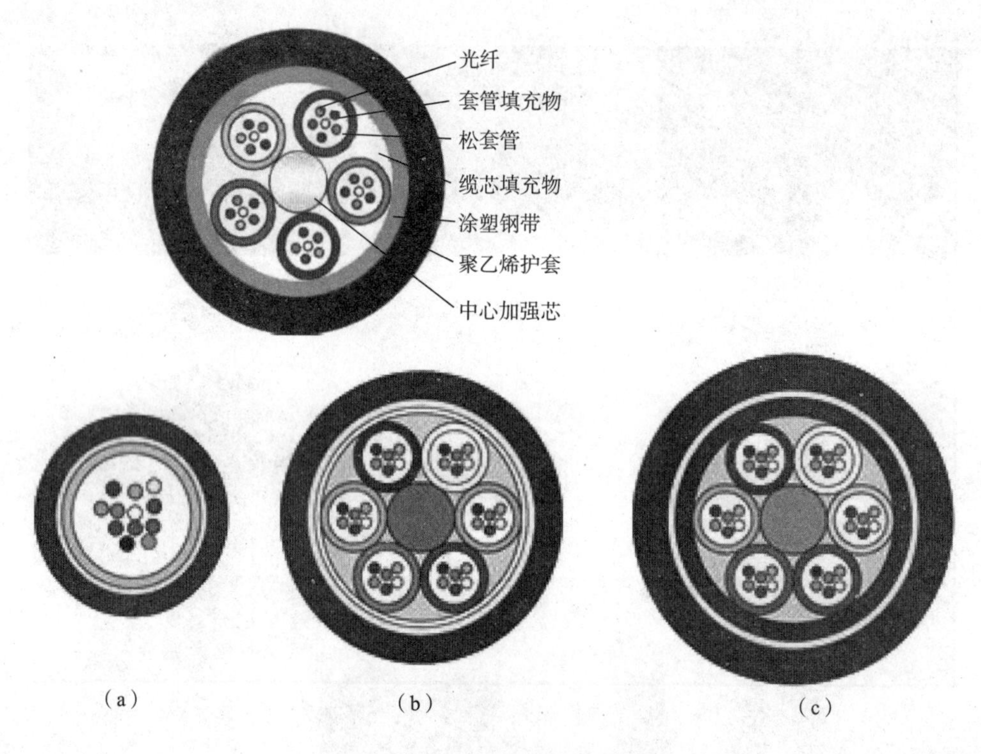

图 3－21　光缆结构

(a) 中心管式；(b) 层绞式单护套；(c) 层绞式双护套

3.5.4 使用环境

根据具体的使用环境，可将光缆分为室内光缆、室外光缆和特种光缆。

3.6 波分复用

在单根光纤内同时传递多个不同波长的光波，即利用同一信道传输以实现不同信息的同时传输。

光波分复用（Wavelength Division Multiplexing，WDM）是增加光纤通信系统通信容量的技术手段。在发送端由合波器将不同波长的光载波合并进入一根光纤进行传输，在接收端通过分波器将这些承载不同信号的光载波分开，实现不同波长光波的耦合与分离，波分复用的复用方式有密集波分复用、稀疏波分复用，工作方式有双纤单向传输与单纤双向传输。

1. 密集波分复用

密集波分复用（Dense Wavelength Division Multiplexing，DWDM）的不同波长间隔约为0.8nm的整数倍或0.4nm的整数倍，其系统主要由发送/接收光复用终端和中继组成，组成模块主要包括以下部分。

（1）光转发器/光波长转换器（OUT）。

（2）波分复用器件（分波/合波器）。

（3）光放大器（光后置放大器OBA，光线路放大器OLA，光前置放大器OPA）。

（4）光监控信道/通路（OSC）。

2. 稀疏（粗）波分复用

稀疏（粗）波分复用（CWDM）由于成本较低，成为城域网接入、中小城市的城域骨干网以及企业校园网等的低成本方案，其通道间距较宽，间隔约为20nm，单个光纤复用2～16个波长的光波。

在许多文献中没有做特殊说明时，WDM通常指的是DWDM。

3. 双纤单向传输

双纤单向传输是最常用的一种传输方式，即在一根光纤中只完成一个方向光信号的传输。这种方式同一波长或是波长组在两个方向上可以重复利用。

4. 单纤双向传输

单纤双向传输是在一根光纤中实现两个方向信号的同时传输，两个方向的光信号应安排在不同的波长上。

3.7 光传送网

1998 年，ITU - T 提出光传送网（Optical Transport Network，OTN）概念，光传送网即在光域内实现业务信号的传送、复用、路由选择和监控，并保证其性能和指标及生存性，在网络连接处采用 O/E 和 E/O 技术。

光传送网可分为 3 层，即光传输段层（Optical Transmission Section，OTS）、光复用段层（Optical Multiplexing Section，OMS）和光通道层（Optical Channel Layer，OCH），如表 3 - 3 所列。

表 3 - 3　光传送网分层结构表

<table>
<tr><td>光传输段层（OTS）</td><td rowspan="3">光层</td></tr>
<tr><td>光复用段层（OMS）</td></tr>
<tr><td>光通道层（OCH）</td></tr>
<tr><td>IP、SDH/SONET、ATM 等</td><td>客户层</td></tr>
</table>

1. 光传输段层

光传输段层负责为光信号在不同类型的光介质上提供传输功能，同时实现对光放大器或中继器的检测和控制功能等，确保光传输段适配信息的完整性。

2. 光复用段层

光复用段层负责保证相邻两个波长复用传输设备间多波长复用光信号的完整传输，为多波长信号提供网络功能。

3. 光通道层

光通道层负责为各种不同格式或类型的客户信息选择路由、分配波长和安排光通道连接、处理光通道开销，提供光通道的检测、管理功能，并在故障发生时，通过重新选路或直接把工作业务切换到预定的保护路由实现保护倒换和网络恢复，端到端的光通道连接由光通道层负责完成。

光传送网的光通道层（OCH）为各种数字客户信号提供接口，为透明地传送这些客户信号提供点到点的以光通道为基础的组网功能。

随着光交换技术、光交叉连接技术的发展，基于 DWDM 智能光网络节点技术的 OTN 最具发展前景。

3.8 接　入　网

接入网（Access Network，AN）是指骨干网络到用户终端之间的所有设备，即本地交换机与用户之间的连接部分。通常包括用户线传输系统、复用设备、交叉连接设备或用户/用户终端设备，接入网的接入方式包括有线接入与无线接入，其中有线接入方式有铜线接入、光纤接入、混合光纤/同轴电缆接入等。

接入网是由业务节点接口（SNI）和用户网络接口（UNI）以及两者之间的有效线路或设备所组成的。

3.8.1 接入接口

业务节点接口（SNI）：接入网和业务节点之间的接口，能够支持目前网络所能提供的各种接入类型和业务。

用户网络接口（UNI）：接入网与用户之间的接口。

Q3 接口：接入网管理接口，用于完成接入网各功能模块的管理与完成用户线的测试和故障定位。接口与接入之间关系如图 3 - 22 所示。

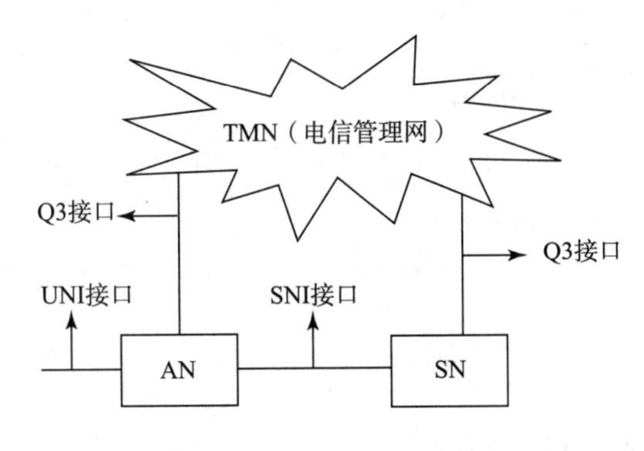

图 3 - 22　接口与接入之间关系

3.8.2 接入网技术

1. 铜线接入技术

铜线接入是指以现有的电话线为传输介质，利用各种调制技术和编码技术、数字信号处理技术来提供铜线传输速率和传输距离。

数据用户线技术：利用电话网铜线实现带宽传输的技术称为数字用户线（Digital Subscriber Line，DSL）技术，技术类型有高比特率数据线（HDSL）、甚高速数字用户线（VDSL）、非对称数字用户线（ADSL）、速率自适应数字用户线（RADSL）等。

2. 光纤接入技术

光纤接入技术是指在接入网中采用光纤作为主要传输介质来实现用户信息传送的应用形式，即光接入网络（Optical Access Network，OAN）。

按照ONU（Optical Network Unit，光网络单元）的位置不同，OAN可分为光纤到路边（Fiber To The Curb，FTTC）、光纤到大楼（Fiber To The Building，FTTB）、光纤到小区（Fiber To The Zone，FTTZ）、光纤到家（Fiber To The Home，FTTH）、光纤到户（Fiber To The Premise，FTTP）、光纤到办公室（Fiber To The Office，FTTO）等类型。网络架构如图3－23所示。

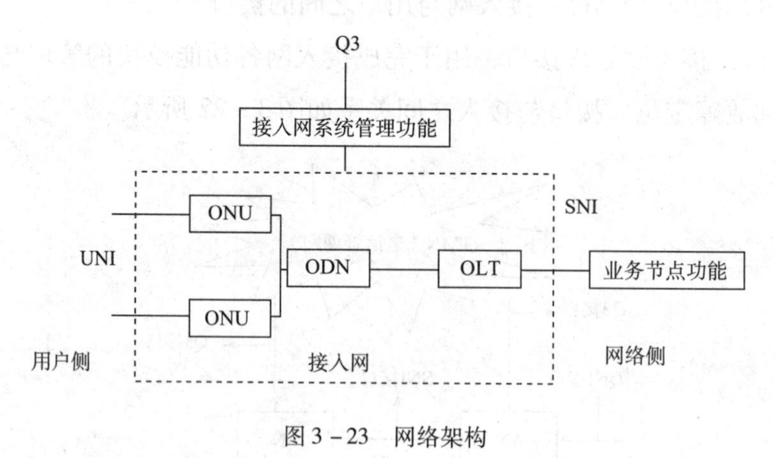

图3－23 网络架构

3. 混合光纤/同轴接入技术

混合光纤同轴网（Hybrid Fiber－Coaxial，HFC）是将有线电视网（CATV）和光缆传输干线网络搭配起来，为用户同时提供窄带、宽带及数字视频业务等综合业务，如数据广播、电话、个人通信、会议电视、远程教学等，HFC 可同时支持模拟和数字传输。典型的双向 HFC 网络结构示意图如图 3－24 所示。

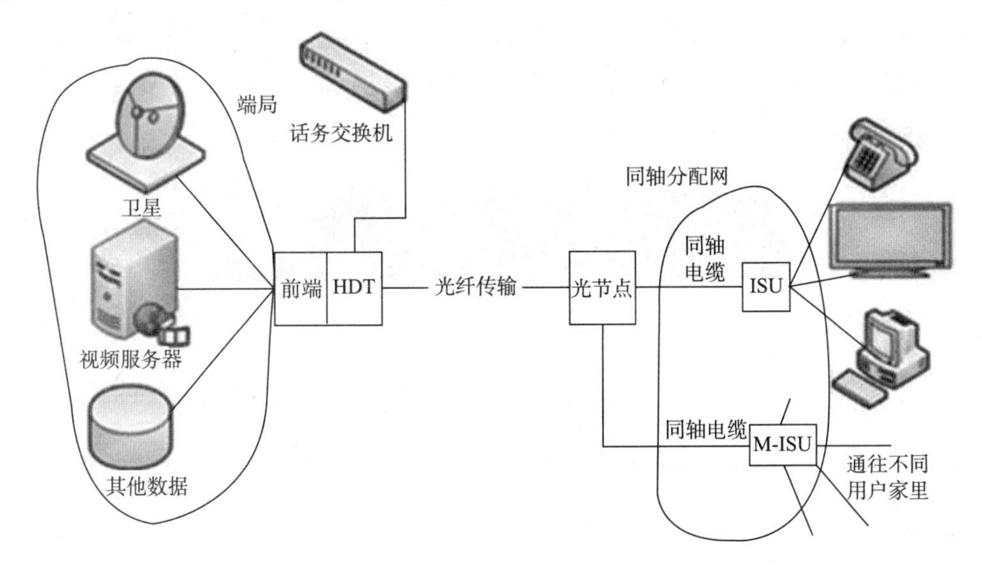

图 3－24　典型的双向 HFC 网络结构示意图

3.8.3　三网融合

三网融合又称为三网合一，是指电信网、广播电视网、互联网在向宽带通信网、数字电视网、下一代互联网的演进。其技术功能趋于一致，业务范围趋于相同、网络互连互通、资源共享，能为用户提供语音、数据和广播电视等多种服务。三网融合不是简单的三大网络的物理合一，而是高层业务应用的融合。

3.8.4　光纤通信系统

常用的光纤通信设备有光检测器、光缆交接箱、光纤配线架、光电转换设备、光发射机、光接收机等，在长途光纤通信系统还有光放大器、中继器等设备。其组成方式如下。

3.8.5　网络拓扑结构

在现实网络的建设中，为了清晰地分析和规划网络，在本地网建设和规划中按照核心层、汇聚层、接入层方式来分层建设考虑。

核心层负责本地网范围内核心节点的信息传送，核心层位于本地传送网的顶层，传送容量大、节点要求高。汇聚层介于核心层与接入层之间，对接入层上传的业务进行收容、整合，并向核心层节点进行转接传送。接入层位于网络末端，网络结构易变，具有多业务传输能力及灵活的组网能力。其三者关系如图 3－25 所示。

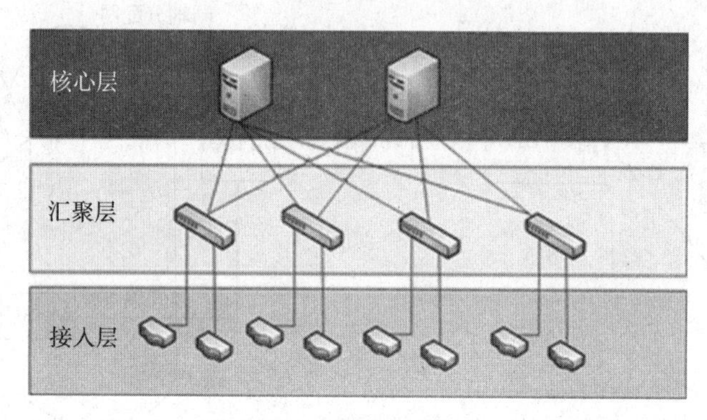

图 3－25 网络关系示意图

无论是核心层、汇聚层还是接入层，在对网络进行规划时都需要考虑使用哪种网络结构（即拓扑结构），基本结构有总线型、星形、树形、环形、复合型及网状，如图 3－26 所示。

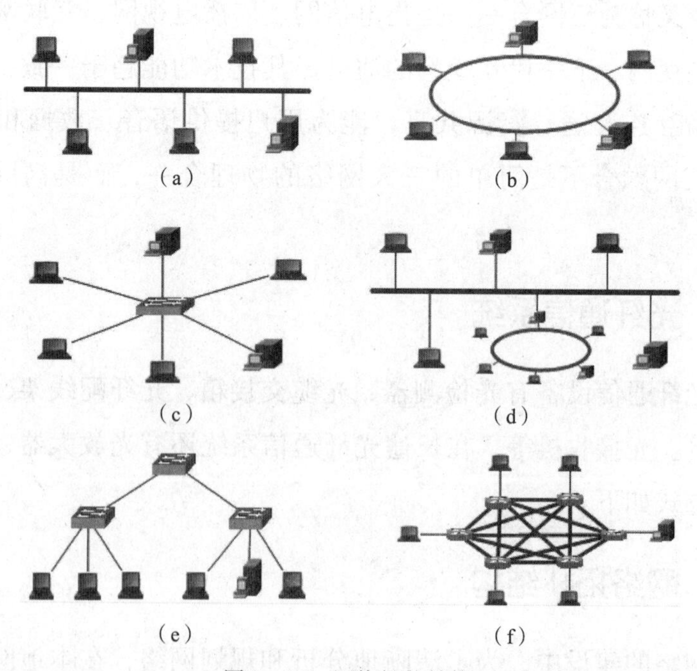

图 3－26 网络拓扑结构

(a) 总线型网络；(b) 环形网络；(c) 星形网络；(d) 复合型网络；(e) 树形网络；(f) 网状网络

1. 总线型

总线型网络将所有网元（网络单元）串接起来，且首末两个节点开放，该拓扑结构网络易于建造，但其生存性较差，即总线中某一节点若出现连接问题将导致整条线路无法正常运作。

2. 星形

星形网络的所有的网元通过中心网元相互通信（连接），该拓扑结构网络管理建设灵活，在多数小型局域网中普遍使用。其成本低、可靠性差。

3. 树形

树形网络可以简单地看成是总线型网与星形网的组合，其层次连接呈树状，适用于组建分级的网络结构，但不利于双向通信。

4. 环形

环形网络是将所有的通信节点连接起来，首尾相连，形成环状。具有强大的自愈功能，应用广泛，但保护协议较复杂，网络建设维护成本较高。

5. 网状

网状网络的稳定性好，安全性高，但成本较高。适用于网络节点少且重要的网络。

3.9 EPON 简介

以太网无源光网络（EPON）是一种采用点到多点结构的单纤双向光接入网络，其典型拓扑结构为树形。典型 EPON 系统采用上下行对称 1.25Gb/s 速率的传输，可以支持最大 1:32 分路比时的 20km 传输。可以采用多级分光（但不建议采用，一般采用一级分光）。

3.9.1 无源光网络

无源光网络（Passive Optical Network，PON）是指在 OLT（光线路终端）和 ONU（光网络单元）之间的光分配网络（ODN）没有任何有源电子设备。

PON 技术是一种点对多点的光纤传输和接入技术，下行采用广播方式，上行采用时分多址方式，可以灵活地组成树形、星形、总线型等拓扑结构，在光分支点不需要节点设备，只需要安装一个简单的光分支器即可。因此，具有节省光缆资源、带宽资源共享、节省机房投资、设备安全性高、建网速度快、综合建网成本低等优点。

3.9.2 基于以太网的无源光网络

随着Internet的高速发展，用户对网络带宽的需求不断提高，传统的接入网已经成为整个网络中的瓶颈，以新的宽带接入技术取而代之已成为目前研究的热点。正是在这种背景下，IEEE于2000年年底成立了EFM工作组（Ethernet in the First Mile Study Group），试图引入一种新的接入技术标准——Ethernet PON（Ethernet over PON，EPON）。顾名思义，EPON是利用PON（无源光网络）的拓扑结构实现以太网的接入。

1. EPON（GPON）的网络结构（图3－27）

一套EPON系统由OLT和一批配套的ONUS＋ODN组成。OLT放在中心机房，它既是一个交换机或路由器，又是一个多业务提供平台，它提供面向无源光纤网络的光纤接口。根据以太网向城域和广域发展的趋势，OLT上将提供多个Gb/s和10Gb/s的以太网接口，支持WDM传输。OLT除了提供网络集中和接入的功能外，还可以针对用户的QoS/SLA的不同要求进行贷款分配、网络安全和管理配置。EPON系统中的光分路器是一个连接OLT和ONU的无源设备，它的功能是分发下行数据并集中上行数据。常见型号有1∶4、1∶8、1∶16、1∶32

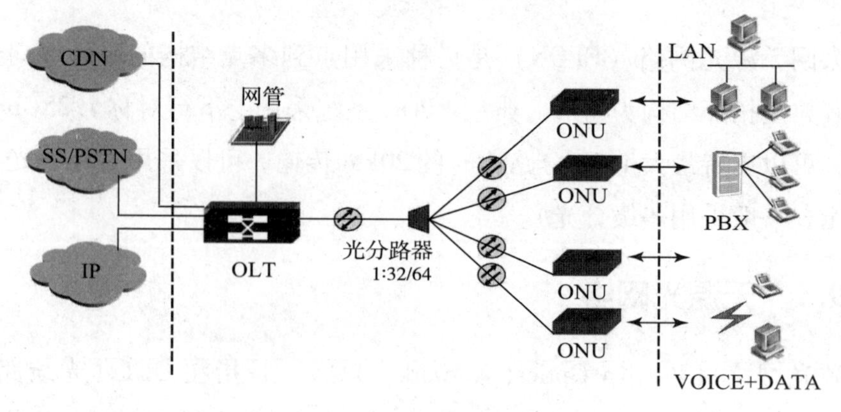

图3－27 EPON的网络结构

等。EPON 中的 ONU 采用了技术成熟而又经济的以太网协议，在中带宽和高带宽的 ONU 中实现了成本低廉的以太网第二层、第三层交换功能。

光信号通过光分路器把光纤线路终端（OLT）一根光纤下行的信号分成多路给每一个光网络单元（ONU），每个 ONU 上行的信号通过光耦合器合成在一根光纤里给 OLT。

2. EPON 与传统的光纤以太网的比较

普通的光纤以太网为了便于网络的拓展和用户的发展，需要在远端的节点机房放置交换机。因为传输过程中都是光传输，所以放置交换机的同时需要配备相应数量的光电转换器，用户越多，相应的器件设备也就越多。这样就带来一个问题，设备越多出故障的概率也就越大，而且都是有源设备，对环境影响很大，给维护管理带来了很多麻烦。

而使用 EPON 完全能够完成普通光纤以太网的功能，便于扩展，提供多业务服务和足够的带宽。而且它在整个传输过程中不存在有源设备，在远端的机房只要放置一个无源的分光设备即可，其结构简单，对环境要求低，性能稳定，几乎不需要维护。

3. EPON 与 GPON 的比较

从市场应用的角度来看，EPON 和 GPON 两种技术在国际上都拥有众多的支持者。EPON 在亚太地区特别是日本、韩国占据了主导地位。从全球市场特别是北美市场来说，运营商越来越多地采用 GPON。

3.10 工作岗位

有线通信的工作岗位有以下 6 个：

（1）有线传输通信工程师（光网络通信工程师）。

（2）有线设计通信工程师。

（3）接入网通信工程师（设备、线路）。

（4）通信工程督导（线路）。

（5）通信监理工程师（线路）。

（6）售前售后通信工程师。

课后练习

1. 电缆的色谱是什么？
2. 什么是光纤通信？与其他有线传输通信相比它有哪些优点？
3. 光纤通信系统中有哪些常用设备？
4. 什么是三网融合？三网是指哪三网？
5. 网络拓扑结构有哪几种？分别列举它们的优、缺点。
6. 请写出 FTTH、FTTP、FTTC 是什么。
7. 什么是接入网？它包含了哪些设备？
8. EPON 是什么？

参考文献

［1］崔健双．现代通信技术概论［M］．北京：机械工业出版社，2013.

［2］工业和信息化部教育与考试中心．通信专业综合能力与实务——传输与接入［M］．北京：人民邮电出版社，2014.

本章分为6个部分。第一部分简要介绍无线通信要解决的6个困惑；第二部分介绍现代无线通信，从无线电报机到第一代移动通信系统，再到第五代移动通信系统；第三部分介绍无线通信系统关键技术；第四部分介绍无线通信系统架构；第五部分介绍无线通信系统频谱划分；第六部分介绍与无线通信系统有关的工作岗位。

4.1　无线通信的困惑

无线通信和有线通信的区别主要有两点：接口和信道。

首先，接口不同。有线通信的电话接口是固定在墙上的，插一根电话线就可以用，通过这个接口可以和固网（固定电话网络）进行联络；无线通信中的手机和基站的接口是看不见、摸不着的，称之为“空中接口”，手机就是通过这个空中接口和无线网络保持联络的。

其次，信道不同。有线通信的信号是通过电话线进行传递，称之为“有线信道”；无线通信的信号是通过电磁波在空中传送的，是看不见、摸不着的，称之为“无线信道”（图4－1）。所以说，明白了空中接口和无线信道，就明白了无线通信。

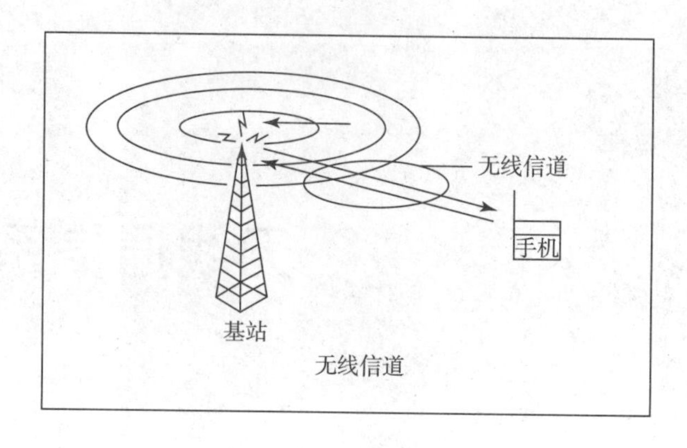

图4－1　无线信道

4.1.1　困惑1：基站如何区分手机

一个墙上的插口通常只能对应一部电话，基站的一面天线要同时接收很多手机的信号，如何区分哪个信号来自哪个手机？

在固话时代，要识别一路语音信号来自哪部电话是一件很简单的事情，看看它来自墙上的哪个接口，通过哪根电话线送到电话转接箱即可，转接箱的上面标签会写得清清楚楚（图4－2）。

图4－2　程控交换机上的电话线接头

无线通信时代就没有那么幸运了，空中接口没有一个实实在在的插口，就是用一面天线接收所有的信号，但是所有的手机都向天线发射电磁波，基站如何判断谁是谁呢？（图4-3）

图4-3 基站判断是谁的信号

机器并非是人类，在了解无线通信接口工作机制之前，不妨先了解人类世界是怎么运作的。如果面前有好几个人在说话，要区分哪句话是谁讲的并不困难，可用3个参数来分辨声音，即音色、音调、响度。那么当基站和很多台手机同时通信时是如何区分不同手机的呢？众所周知，一男一女合唱，他们的声音是很容易分辨的，因为声波工作在不同频段，人类说话的频率在200～3400Hz之间，而女性的声音一般频率比较高，所以可以很容易区分男女的声音。同样地，基站也是一样，但是基站可比人强多了，基站的滤波器对频率区分的能力远远强于人耳。所以，可以让手机工作在不同的频率上用以区分它们。此外，在不同频率的基础上还可以用时间来区分，比如把一小段连续的时间分成好几段，让不同的手机工作在不同时间段。因此，在无线通信里，对手机的区分有个专业术语，叫作多址或者复用，是无线通信里面非常重要的概念。

4.1.2 困惑2：手机如何找到基站

对于固定电话而言，要想找到通信网络很简单，只要找到电话线就可以了。而对于手机而言，要想找到移动通信网络则要复杂得多，因为手机并不知道要建立联系的基站在哪里，这就需要建立一个机制让手机找到基站（图4－4）。

图4－4　手机寻找基站

手机是如何找到基站的呢？说起来和大家一起去报团旅游差不多，导游经常都会站在一个高的地方，用大喇叭广播：“去×××地方玩的朋友们注意了，大家往这里走，往这里走。”

基站的处理方式也差不多，它总是一刻不停地向外广播信息，以方便手机找到它。那么手机又是如何听到基站的广播信息呢？不同的基站广播信息时所使用的频率不同，这样手机就要扫描整个频段，按照信号的强度从最强的信号开始逐一检查，直至找到合适基站的广播信息。这很有点像在学校里面听广播，人们拿着收音机调节频道，调到一个信号最强的台然后收听广播。不过人们是手动调台，手机是自动调台。

那么基站都广播一些什么内容呢？由于手机需要调整接收频率以正确接收广播信息，首先就需要广播频率校正信号。接下来还要把手机和基站的时间进行同步，所以还有同步信息，当然还会有一些其他信息，如基站的标识、空中接口的结构参数（比如这个基站都使用了哪些频率、属于哪个位置区、手机选择该小区的优先级等）。就好像旅游团的导游会介绍一下当地会有哪些景点、游完要花多少时间、需要多少花费等一些详细信息。如果觉得合适就跟团，觉得不合适再听其他团的介绍或者换团也可以（根据小区的各项信息，如果当前基站不适合停留，则换到别的小区去）。

4.1.3　困惑3：基站如何找到手机

对于固定通信而言，它知道自己的用户在哪里，因为用户的位置是固定的；而对于移动通信而言，则完全不是这么回事。手机始终都是处于移动状态，由于基站的覆盖范围有限，因此必然出现手机从一个基站的覆盖范围移动到另一个基站覆盖范围的情况。如果手机每次移动到另一个基站的覆盖范围后，基站都要找到手机的话就太没效率了（图4－5）。

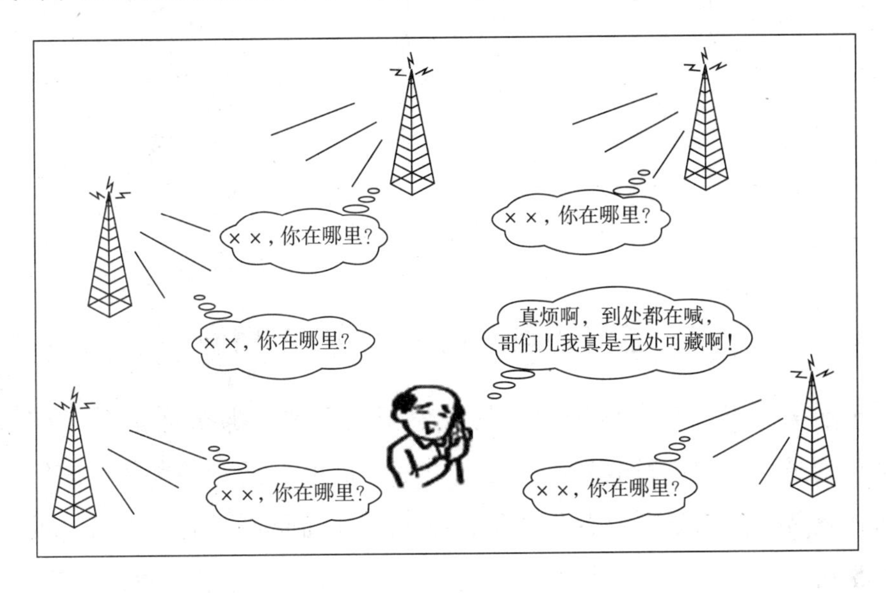

图4－5　基站寻找覆盖范围

无线通信系统把一个城市规划为若干个位置区（类似城市的片区划分，如福州市的鼓楼区、台江区、仓山区等），如图4－6所示。手机通过广播消息得知自己所在的位置，如果位置发生了变化，就主动联系无线网络，上报自己的位置（类似于到了一个新的地方后就向家里报平安，告知自己所在的位置）。

无线网络收到手机发来的位置变更消息后，就把它记入数据库里，这个数据库称为位置寄存器。等以后无线网络收到对该手机的被叫请求后，就首先查找位置寄存器，确定手机当前所处的位置区，再将被叫的请求发送到该位置区的基站，由这些基站对手机进行寻呼。因此，位置区的划分需要寻找一个平衡点。划得太大了浪费寻呼资源，划得太小了手机要经常上报位置区变更情况，同样浪费系统资源。

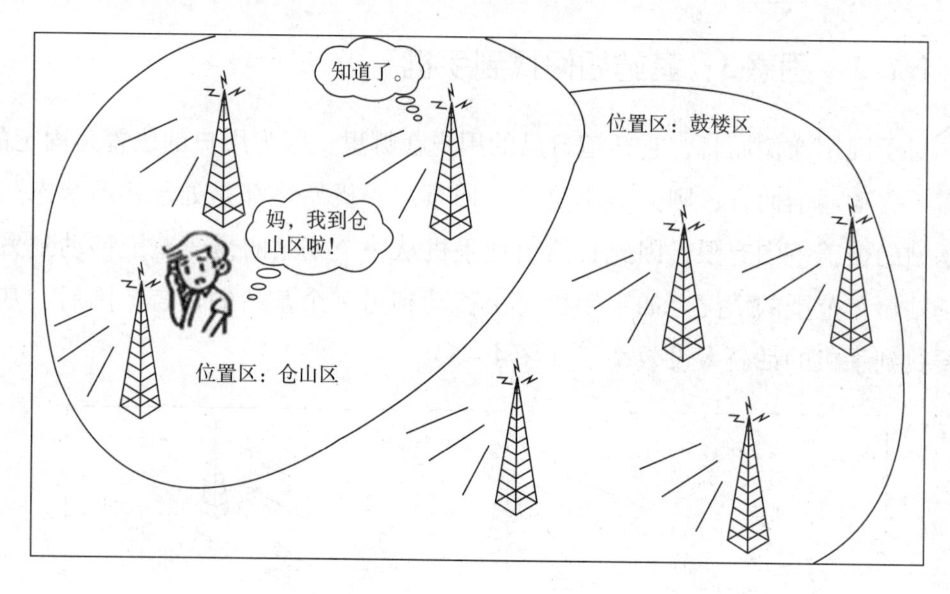

图 4－6　无线通信城市划分区域

4.1.4　困惑 4：基站如何识别手机用户的身份

对于通信网络而言，识别用户的身份至关重要。那么运营商（如移动公司）如何对通信用户进行收费呢？在这方面，固网有天然的优势，固网的终端一般直接安装在用户家里或者公司里，跑得了和尚跑不了庙，没有必要去确认用户的身份，接口就在用户的家里，接口就是身份，对于移动网络就不一样了，用户随时在移动，用户可能就找不到了。

因此，对于移动通信用户必须进行标识，把它叫作 IMSI（International Mobile Subscriber Identity，国际移动用户识别号）。可以把它理解为身份证，全球唯一。存储在手机卡里（就是用户去营业厅买的手机卡），手机卡可以独立于终端。另外，无线网络内部也存储了 IMSI 号，这样就可以与 SIM 卡中的信息进行比对。这样手机卡上的 IMSI 会不会被盗用呢？一旦被盗用，后果很严重。所以需要一个防伪机制，即手机在打电话和上网之前，首先要向移动网络提供自己的用户标识和密码，移动网络收到后与后台数据库进行比对，如果一致，就认为该用户是合法用户，然后才可以打电话，当然这里所说的提供标识和密码，不是说要用户自己手动来提供，在用户用手机拨号时，手机实际上自己就完成了和基站的这一通信过程，这个过程在无线通信中叫作鉴权，如图 4－7 所示。

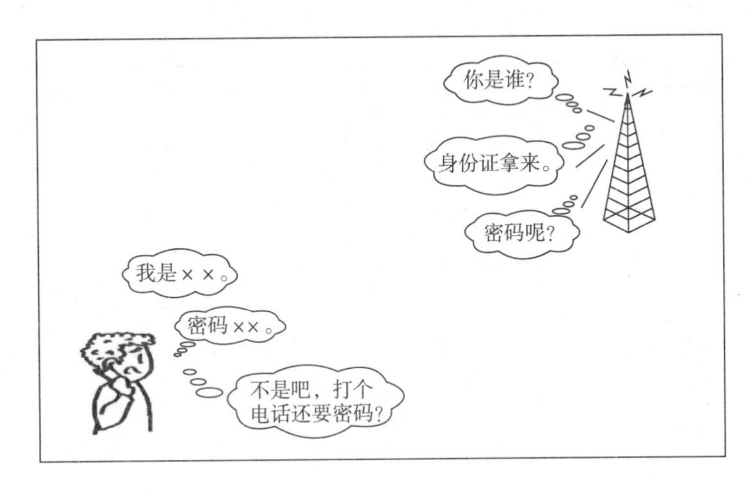

图4-7 无线通信鉴权过程

4.1.5 困惑5：如何保证对话不被他人窃听

无线通信另一个要解决的问题就是要防止被他人窃听，无线电波在空中是往四面八方传播的，只要有一个接收机，就可以接收到基站发出的电磁波以及人们手机发出来的电磁波。在第一代模拟通信时代这是一个无解的难题，比如对讲机之间的通信，由于没有任何加密手段，只要把对讲机调到相应频率，就能听到对应频道上所有人说话的内容，如图4-8所示。

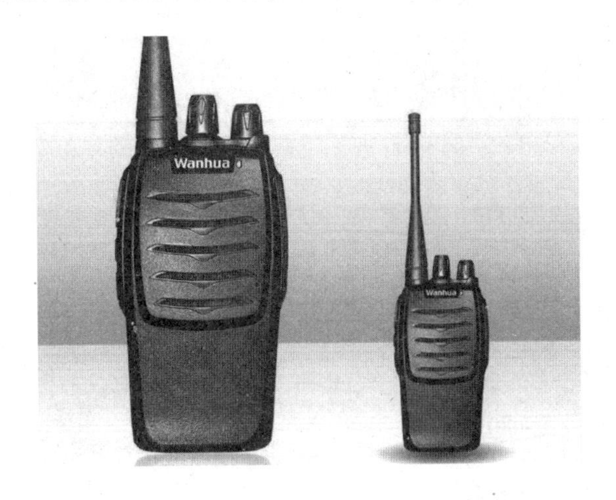

图4-8 只要调到相应频率就能听到所有人说话的对讲机

如果是在战争年代，双方的无线电通信都是能被对方截获的，所以没有人敢用不加密的明文，都是通过密码本把它编译成另一串符号再发送出去，如表4-1所示。

表4-1　典型莫尔斯密码对照表

字符	电码符号	字符	电码符号	字符	电码符号	字符	电码符号
A	.—	B	—...	C	—.—.	D	—..
E	.	F	..—.	G	——.	H	....
I	..	J	.———	K	—.—	L	.—..
M	——	N	—.	O	———	P	.——.
Q	——.—	R	.—.	S	...	T	—
U	..—	V	...—	W	.——	X	—..—
Y	—.——	Z	——..				

然而，进入数字通信时代后，由于数字通信的信号是一串串的比特流，像01010110，人们完全可以拿这一串比特流与另一串比特流进行与、或、非、异或等逻辑运算（可以理解为加密过程），从而产生一串新的数字序列。这样在接收端用相同的这一串加密比特流再运算一次就能还原出原来的数据。这样，就算电磁信号被人截获，只要其他人不知道其加密算法（也就是密钥），就算知道了加密过的数据比特流，也无法还原出原来的信号，也就没办法解密。

比如第二代数字通信GSM就是这样操作的，核心网利用算法给不同的手机下发不同的一串比特流，手机利用这串比特流与自己的用户通话数据进行一次异或操作（这个操作就是一种加密算法），就生成了加密信号，如图4-9所示。

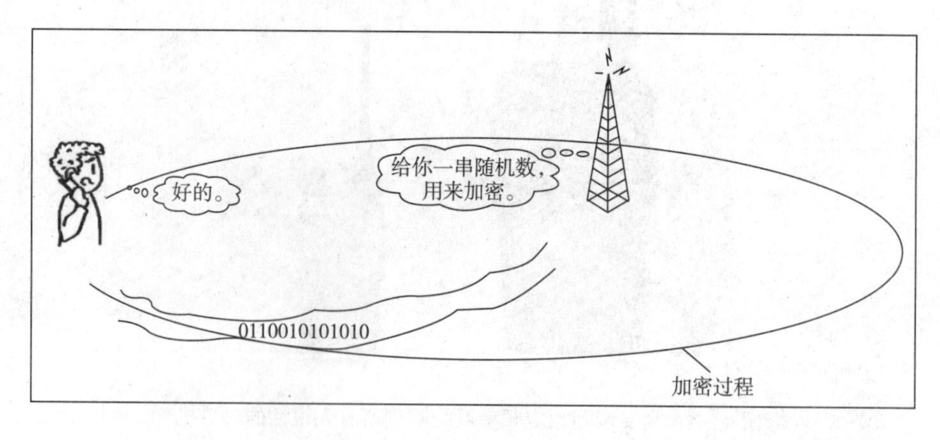

图4-9　加密过程

在进入数字通信时代后，在空中传送的只有加密的数据，如果想要偷听到别人的通话内容，必须知道这一串加密的比特流，但这是非常困难的。得不到密钥和加密算法，就无法还原出别人的信号。

4.1.6　困惑6：如何保证移动着打电话没问题

在固定电话时代，基本是站着不动打电话的，用户能移动的范围取决于用户家电话线的长度有多长，边走边聊是不可能的。这与移动通信完全不同，之所以叫移动通信，就是因为用户在通话过程中位置会不断地改变，而每一个基站的覆盖范围是有限的，用户总会从一个基站覆盖的范围转移到另一个基站的覆盖范围，那么用户与一个基站的通信也不可避免地要转到另一个基站上去，这个过程叫作切换，如图4－10所示。

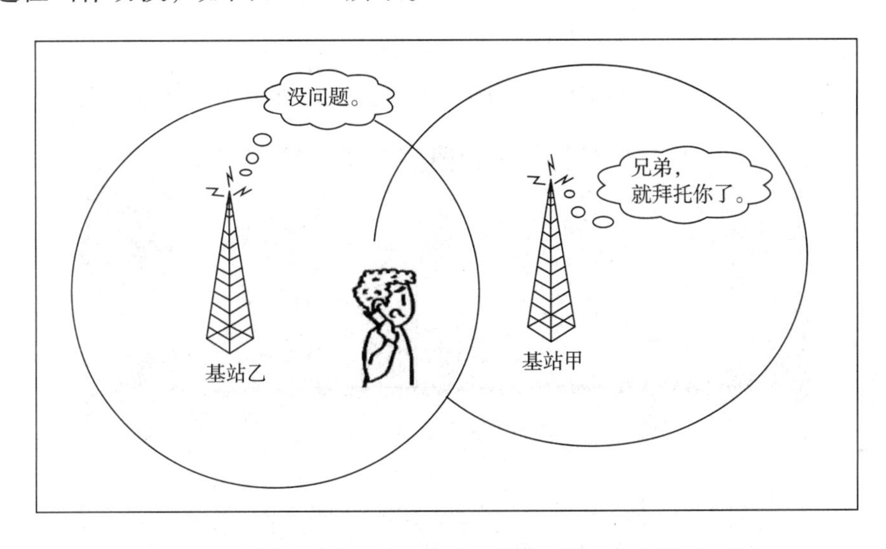

图4－10　用户在一个基站通信时又转移到另一个基站（切换）

那么当用户从一个基站移动到另一个基站时，什么时刻会发生切换呢？通常用两个参数来判决是否需要切换，即接收信号的强度和通话质量。手机是有一定灵敏度的，信号太弱了将无法工作。通常信号越强，通话质量就越好。因此信号强度是决定切换的一个很重要的指标，在通话时，用户的手机会实时向基站上报用户当前的信号及通话质量，基站再将这个信息上报给基站控制器，由基站控制器来决定用户这台手机需不需要进行切换，要切换到具体哪一个基站。所以用户的手机是完全被动的。

讨论环节：当用户用自己的手机给别人打电话时是如何把自己的声音传给对方的？

4.2　现代移动通信系统

4.2.1　现代无线通信发展史

1887 年，德国物理学家赫兹就在实验中证实了电磁波的存在。无线电的频率单位 Hz（赫兹）就是以该科学家的名字命名的。俄国科学家波波夫发现了无线电传播中最关键的因素之一，即天线的作用，从而使远距离无线通信成为可能。1896 年 5 月 24 日，莫尔斯用自制的无线电发报机发出并接收了世界上第一份无线电报：“上帝创造了何等的奇迹。”图 4－11 所示为中国的电报。

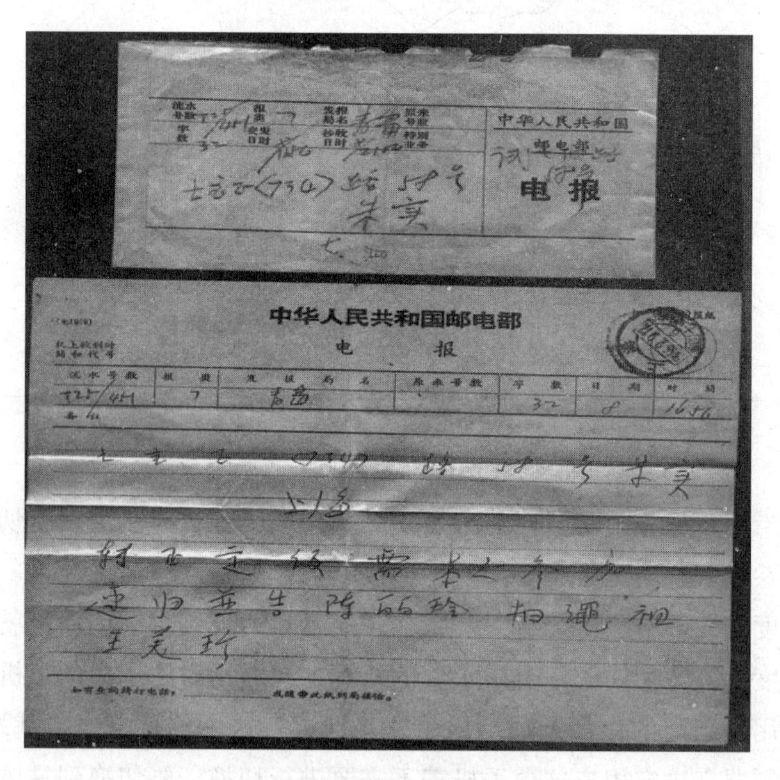

图 4－11　中国的电报

1899 年，马可尼首次实现了英吉利海峡两岸的无线电通信，同年，马可尼在美国成立了第一个无线电通信公司“美国马可尼无线电报公司”。两年后，他终于和弗莱明一起完成了历史上第一次跨越大西洋（约 2897km）的无线电发射实验。从1903年起，世界上许多国家都相继建造了无线电发射站，无线电通信被广泛地应用于人类社会生活的各个方面。马可尼因此获得了1909年诺贝尔物理学奖，如图4－12所示。

图4－12　无线电之父伽利尔摩·马可尼

1921年，美国底特律警察局成功安装了第一套移动无线电发报系统。1970年，美国首先开通了针对警察和医生的无线寻呼系统，后来得到了广泛应用，它满足了人们在移动状态下进行信息接收的需要，无线寻呼是一种单向移动通信方式。1979年美国开通了双向的移动通信，由于该系统是将模拟语音信号直接进行调频调制传播，因此被称为模拟通信系统，是第一代移动通信技术，简称1G（俗称“大哥大”）。

模拟移动通信系统存在安全保密性差、系统容量小、终端功能弱等缺点。为克服以上缺点，人们开始研究第二代移动通信系统。数字第二代移动通信技术主要包括北美的CDMA（IS－95）、欧洲的移动通信系统（GSM），将语音信号进行数字化后在空中传播，大大增加了通信的保密性，提高了系统容量，至今仍被广泛应用。除语音通信外，第二代移动通信还提供了一些数据业务，如WAP和短消息业务等GSM之类技术，其中GSM技术在全球应用最为广泛，推动了移动通信技术的继续发展，目前第三代移动通信技术（3G）、LTE已经得到广泛应用。但是值得注意的是，LTE并非人们普遍认为的4G技术，而是3G与4G技术之间的一个过渡，是3.9G的全球标准，是在2000MHz频谱带宽下能够提供下行100Mb/s与上行50Mb/s的峰值速率。

4.2.2 第一代移动通信系统

人们所称的第一代移动通信系统（1G）诞生于20世纪70—80年代，当时集成电路技术、微型计算机和微处理技术快速发展，美国贝尔实验室推出了蜂窝式模拟移动通信系统，使移动通信真正进入了个人领域（图4－13）。

图4－13 第一代手机（大哥大）

第一代移动通信的典型代表有美国的AMPS、英国的TACS、日本的JTAGS、西德的C－NETZ、法国的RADIOCOM 2000和意大利的RTMI，然而第一代移动通信系统的缺点也很明显，具体如下。

（1）容量有限。

（2）制式太多，互不兼容。

（3）保密性差。

（4）通话质量不高。

（5）不能提供数据业务。

（6）不能提供漫游。

4.2.3 第二代移动通信系统

第二代移动通信系统俗称2G（Second Generation），代表制式有GSM和CDMA，以数字语音传输技术为核心。

1. GSM

GSM（Global System for Mobile communications）中文名称为全球移动通信系统，俗称全球通，该手机实物如图 4－14 所示。

图 4－14　GSM 手机

（1）1982 年，欧洲电信管理部门（CEPT）成立 GSM（Group Special Mobile，移动特别小组），专门制定一个全欧洲都通用的标准。

（2）1989 年 GSM 标准生成。

（3）1991 年 GSM 改名为 Global System for Mobile communications，即全球通，在欧洲商用。

（4）GSM 系统的优点：频谱利用率高，容量大，较好的话音质量，开放的接口，安全性高和可全球漫游。

2. CDMA

CDMA（Code Division Multiple Access），中文为码分多址，该手机实物如图 4－15 所示。

（1）第二次世界大战期间，因战争的需要而研究开发出 CDMA 技术，其初衷是防止敌方对己方通信的干扰，在战争期间广泛应用于军事抗干扰通信。

（2）由美国高通公司解决功率控制问题，使 CDMA 系统得以民用。

（3）系统容量大。

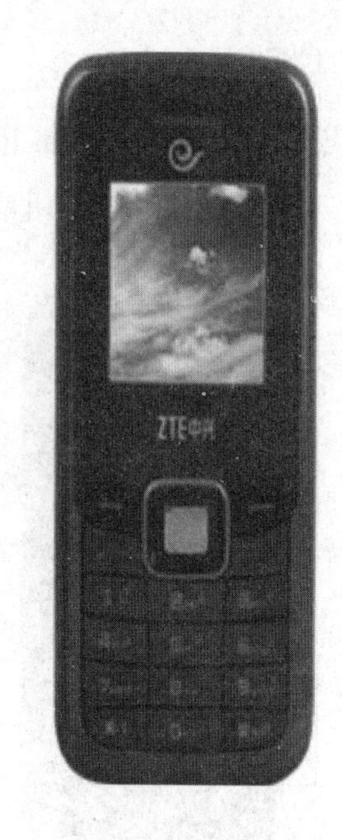

图 4 – 15　CDMA 手机

（4）系统容量灵活配置。

（5）通话质量好。

（6）频率规划简单。

（7）CDMA 手机发射功率小。

（8）CDMA 语音更清晰。

（9）掉话率低。

4.2.4　第三代移动通信系统

第三代移动通信系统是在第二代移动通信技术的基础上进一步演进的，以宽带 CDMA 技术为主，并能同时提供语音和数据业务的移动通信系统，是一代有能力彻底解决第一、二代移动通信系统主要弊端的先进的移动通信系统。第三代移动通信系统的目标是提供包括语音、数据、视频等丰富内容的移动多媒体业务（图 4 – 16）。

第三代移动通信系统的概念最早于 1985 年由国际电信联盟（International Telecommunication Union，ITU）提出，是首个以“全球标准”为目标的移动通信系统。在 1992 年的世界无线电大会上，为 3G 分配了 2GHz 附近约 230MHz 的频带。考虑到该系统的工作频段在 2000MHz，最高业务速率为 2000kb/s，而且

图4-16 3G手机

将在2000年左右商用，于是ITU在1996年正式命名为IMT-2000（International Mobile Telecommunication-2000）。

3G系统最初的目标是在静止环境、中低速移动环境、高速移动环境分别支持2Mb/s、384kb/s、144kb/s的数据传输。其设计目标旨在提供比2G更大的系统容量、更优良的通信质量，并使系统能提供更丰富多彩的业务。

1. 基本特征

（1）具有全球范围设计的、与固定网络业务及用户互联、无线接口的类型尽可能少和高度兼容性。

（2）具有与固定通信网络相比拟的高语音质量和高安全性。

（3）具有在本地采用2Mb/s高速率接入和在广域网采用384kb/s接入速率的数据率分段使用功能。

（4）具有在2GHz左右的高效频谱利用率，且能最大限度地利用有限带宽。

（5）移动终端可连接地面网和卫星网，可移动使用和固定使用，可与卫星业务共存和互联。

（6）能够处理包括国际互联网和视频会议、高数据率通信和非对称数据传输的分组和电路交换业务。

（7）支持分层小区结构，也支持包括用户向不同地点通信时浏览国际互联网的多种同步连接。

（8）语音只占移动通信业务的一部分，大部分业务是非话数据和视频信息。

（9）一个共用的基础设施，可支持同一地方的多个公共的和专用的运营公司。

（10）手机体积小、重量轻，具有真正的全球漫游能力。

（11）具有根据数据量、服务质量和使用时间为收费参数，而不是以距离为收费参数的新收费机制。

CDMA 的三大标准如表 4－2 所示。

表 4－2 CDMA 的三大标准

制式	WCDMA	CDMA2000	TD－SCDMA
采用国家和地区	欧洲、美国、中国、日本、韩国等	美国、韩国、中国等	中国
继承基础	GSM	窄带 CDMA（IS－95）	GSM
双工方式	FDD	FDD	TDD
同步方式	异步/同步	同步	同步
码片速率/($Mchip \cdot s^{-1}$)	3.84	1.2288	1.28
信号带宽/MHz	2×5	2×1.25	1.6
峰值速率/($kb \cdot s^{-1}$)	384	153	384
核心网	GSM MAP	ANSI－41	GSM MAP
标准化组织	3GPP	3GPP2	3GPP

2. 中国 3G 牌照的发放

中国 3G 牌照发放如图 4－17 所示。

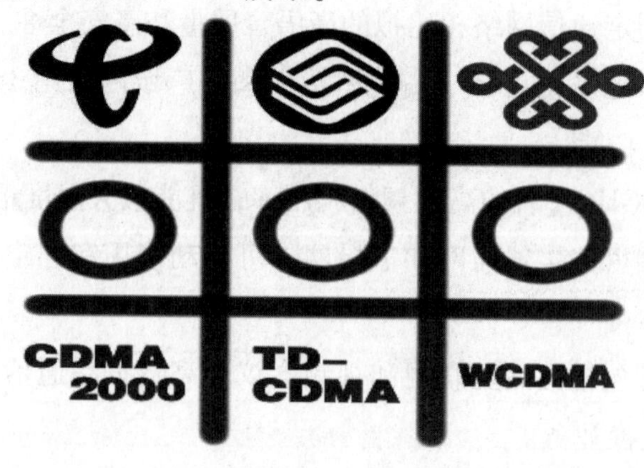

图 4－17 中国 3G 牌照发放

4.2.5　第四代移动通信系统

1.4G 简介

第四代移动电话行动通信标准，指的是第四代移动通信技术，即4G。该技术包括 TD－LTE 和 FDD－LTE 两种制式（严格意义上来讲，LTE 只是3.9G，尽管被宣传为4G无线标准，但它其实并未被3GPP认可为国际电信联盟所描述的下一代无线通信标准 IMT－Advanced，因此在严格意义上其还未达到4G的标准。只有升级版的 LTE Advanced 才满足国际电信联盟对4G的要求）。

2.4G 性能

4G是集3G与WLAN于一体，并能够快速传输数据、高质量音频/视频和图像等。4G能够以100Mb/s以上的速度下载，比目前的家用宽带 ADSL（4M）快25倍，并能够满足几乎所有用户对于无线服务的要求。此外，4G可以在DSL和有线电视调制解调器没有覆盖的地方部署，然后再扩展到整个地区。很明显，4G有着不可比拟的优越性。

第四代移动通信系统可称为广带（Broadband）接入和分布网络，具有非对称的超过2Mb/s的数据传输能力，数据率超过UMTS，是支持高速数据率（2～20Mb/s）连接的理想模式，上网速度从2Mb/s提高到100Mb/s，具有不同速率间的自动切换能力。

第四代移动通信系统是多功能集成的宽带移动通信系统，在业务上、功能上、频带上都与第三代系统不同，会在不同的固定和无线平台及跨越不同频带的网络运行中提供无线服务，比第三代移动通信更接近于个人通信。第四代移动通信技术可把上网速度提高到超过第三代移动技术50倍，可实现三维图像高质量传输。

4G移动通信技术的信息传输级数要比3G移动通信技术的信息传输级数高一个等级（图4－18）。对无线频率的使用效率比第二代和第三代系统都高得多，且抗信号衰落性能更好，其最大的传输速度会是“i－mode”服务的10000倍。除了高速信息传输技术外，它还包括高速移动无线信息存取系统、移动平台的拉技术、安全密码技术以及终端间通信技术等，具有极高的安全性，4G终端还可用作如定位、告警等。

图 4-18　3G 与 4G 速度对比示意图

4G 手机系统下行链路速度为 100Mb/s，上行链路速度为 30Mb/s。其基站天线可以发送更窄的无线电波波束，在用户行动时也可进行跟踪，并处理数量更多的通话。

第四代移动电话不仅音质清晰，而且能进行高清晰度的图像传输，用途十分广泛。在容量方面，可在 FDMA、TDMA、CDMA 的基础上引入空分多址（SDMA），容量达到 3G 的 5～10 倍。另外，可以在任何地址宽带接入互联网，包含卫星通信，能提供信息通信之外的定位定时、数据采集、远程控制等综合功能。它包括广带无线固定接入、广带无线局域网、移动广带系统和互操作的广播网络（基于地面和卫星系统）。图 4-19 所示为 4G 手机实物。

图 4-19　4G 手机实物

3. 4G 在中国

2013 年 12 月 4 日下午，工业和信息化部（以下简称“工信部”）向中国移动、中国电信、中国联通正式发放了第四代移动通信业务牌照（即 4G 牌照），中国移动、中国电信、中国联通三家均获得 TD – LTE 牌照，此举标志着中国电信产业正式进入了 4G 时代。

有关部门对 TD – LTE 频谱规划的使用做了详细说明：中国移动获得 130MHz 频谱资源，分别为 1880 ~ 1900 MHz、2320 ~ 2370 MHz、2575 ~ 2635 MHz；中国联通获得 40MHz 频谱资源，分别为 2300 ~ 2320 MHz、2555 ~ 2575 MHz；中国电信获得 40MHz 频谱资源，分别为 2370 ~ 2390 MHz、2635 ~ 2655 MHz。

4. 2. 6　第五代移动通信系统

1. 5G 简介

2016 年 11 月，举办于乌镇的第三届世界互联网大会，美国高通公司带来的可以实现“万物互联”的 5G 技术原型入选 15 项“黑科技”——世界互联网领先成果。高通 5G 向千兆位移动网络和人工智能迈近。

第五代移动电话行动通信标准，也称为第五代移动通信技术，即 5G。它是 4G 之后的延伸，正处在研究中。目前还没有任何电信公司或标准制定组织（像 3GPP、WiMAX 论坛及 ITU – R）的公开规格或官方文件提到 5G。

中国（华为/中兴）、韩国（三星电子）、日本、欧盟都在投入相当的资源研发 5G 网络。

2017 年 2 月 9 日，国际通信标准组织 3GPP 宣布了“5G”的官方标志（Logo），如图 4 – 20 所示。

图 4 – 20　5G 的官方标志（Logo）

2. 5G 发展概况

2013 年 2 月，欧盟宣布，将拨款 5000 万欧元。加快 5G 移动技术的发展，计划到 2020 年推出成熟的标准。

2013 年 5 月 13 日，韩国三星电子有限公司宣布，已成功开发第 5 代移动通信（5G）的核心技术，这一技术预计将于 2020 年开始推向商业化。该技术可在 28GHz 超高频段以 1Gb/s 以上的速度传送数据，且最长传送距离可达 2km。相比之下，当前的第四代移动通信系统长期演进（4GLTE）服务的传输速率仅为 75Mb/s。而此前这一传输瓶颈被业界普遍认为是一个技术难题，而三星电子有限公司则利用 64 个天线单元的自适应阵列传输技术破解了这一难题。与韩国目前 4G 技术的传输速率相比，5G 技术预计可提供比 4G 长期演进（LTE）快 100 倍的速率。利用这一技术，下载一部高画质（HD）电影只需 10s。

我国 5G 技术研发试验在 2016—2018 年进行，分为 5G 关键技术试验、5G 技术方案验证和 5G 系统验证 3 个阶段实施。

从用户体验看，5G 具有更高的速率、更宽的带宽，预计 5G 网速将比 4G 提高 10 倍左右（图 4-21），只需要几秒即可下载一部高清电影，能够满足消费者对虚拟现实、超高清视频等更高的网络体验需求。

图 4-21　5G 速度测试

从发展态势看，5G 目前还处于技术标准的研究阶段，今后几年 4G 还将保持主导地位，实现持续高速发展。但5G有望在2020年正式商用。

3. 5G在中国

继中兴、大唐等国内系统设备厂商相继完成5G第一阶段关键技术测试后，华为牵头的Polar Code（极化码）被3GPP标准组织采纳为5G的控制信道编码方案。在多年跟跑之后，中国逐渐跻身于5G研发第一阵营。

2016年12月2日和3日，在未来移动通信论坛主办的5G信息通信技术研讨会上，工信部副部长刘利华透露，当前5G标准化工作已全面拉开序幕，研发实验工作也已进入攻坚阶段，中国将于2020年启动5G商用。

“近年来全球5G研发速度加快，实验室与外场试验陆续展开，我国也明确了5G实验频率，全面启动了5G技术研发实验。”刘利华透露。根据工信部、中国IMT－2020（5G）推进组的工作部署以及三大运营商的5G商用计划，我国将于2017年展开5G网络第二阶段测试，2018年进行大规模试验组网，并在此基础上于2019年启动5G网络建设，最快到2020年正式启动5G商用网络。

谈及下一步中国5G发展，刘利华建议协同国内外产业界全力推动5G全球统一标准的形成，加强频率协调；同时，加快推进5G技术与产品研发，针对无线传输和新型网络架构攻克关键技术，以实验带动研发，并进一步加强5G与工业互联网、车联网、物联网等融合创新的研究，开展关键技术产品研发与应用示范验证，支持电信企业与互联网企业行业用户加强合作，积极探索和发展新技术、新产业、新业态和新模式。2～5G速度对比如图4－22所示。

图4－22　2～5G速度对比

讨论环节：分别用3G/4G/5G下载一部1GB大小的电影要多长时间？

4.3 无线通信系统关键技术

4.3.1 双工技术

根据信息的传送方向，通信可以分为单工、半双工和全双工3种方式。

单工：信息只能单向传送。

半双工：信息能双向传送，但不能同时双向传送。

全双工：信息能够同时双向传送。

双工方式又可以根据时间和频率来分类，具体如下。

（1）FDD：频分双工（用频段的不同来区分上下行）。

（2）TDD：时分双工（上下行通信采用同一个频段，但以不同的时隙进行收发）。

TDD技术具有以下优势。

（1）频谱效率高，配置灵活。由于TDD方式采用非对称频谱，不需要成对的频率，能有效利用各种频率资源，满足LTE系统多种带宽灵活部署的需求。

（2）灵活地设置上下行转换时刻，实现不对称的上下行业务带宽。TDD系统可以根据不同类型业务的特点，调整上下行时隙比例，更加灵活地配置信道资源，特别适用于非对称的IP型数据业务。

（3）利用信道对称性特点，提升系统性能。在TDD系统中，上下行工作于同一频率，电波传播的对称特性有利于更好地实现信道估计、信道测量和多天线技术，以达到提高系统性能的目的。

（4）设备成本相对较低。由于TDD模式移动通信系统的频谱利用率高，同样带宽可提供更多的移动用户和更大的容量，降低了移动通信系统运营商提供同样业务对基站的投资。另外，TDD模式的移动通信系统具有上下行信道的互惠性，基站的接收和发送可以共用一些电子设备，以降低基站的制造成本。因此，与FDD模式的基站相比，TDD模式的基站设备具有成本优势。

除了这些独特的优势，TDD也存在一些明显的不足，表现在以下几个方面。

（1）终端移动速度受限。在高速移动时，多普勒效应会导致时间选择性衰落，速度越快，衰落深度越深，因此必须要求移动速度不能太高。以3G系统为例，在目前芯片处理速度和算法的基础上，使用TDD的TD－SCDMA系统中，当数据率为144kb/s时，终端的最大移动速度可达250km/h，与FDD系统相比还有一定的差距。一般TDD终端的移动速度只能达到FDD终端的一半甚至更低。

（2）干扰问题更加复杂。由于TDD系统收发信道同频，无法进行干扰隔离，系统内和系统间均存在干扰，干扰控制难度更大。

（3）同步要求高。由于上下行信道占用同一频段的不同时隙，为了保证上下行帧的准确接收，系统对终端和基站的同步要求更高。未来移动通信系统对带宽的要求越来越高，频谱资源的紧缺会使TDD系统的重要性日益凸显，TDD双工方式将得到更为广泛的应用，可能发展成为主流的双工方式。

4.3.2　多址技术

在无线通信环境中的电波覆盖区内，如何建立用户之间的无线信道的连接，这便是多址连接问题。在移动通信中，也称多址接入问题。解决多址连接问题的方法叫多址接入技术。

从移动通信网的构成可以看出，大部分移动通信系统都有一个或几个基站和若干个移动台。基站要和许多移动台同时通信，因而基站通常是多路的，有多个信道，而每个移动台只供一个用户使用，是单路的。多址连接是指许多用户同时通话，以不同的信道分隔，防止相互干扰。各用户信号通过在射频波道上的复用来建立各自的信道，以实现双边通信的连接。多址连接方式是移动通信网体制范畴，关系到系统容量、小区构成、频谱和信道利用效率以及系统复杂性。移动通信系统中基站的多路工作和移动台的单路工作是移动通信的一大特点。在移动通信业务区内，移动台之间或移动台与市话用户之间是通过基站（包括移动交换局和局间联网）同时建立各自的信道，从而实现多址连接的。

当以传输信号的载波频率不同来区分信道建立多址接入时，称为频分多址方式（FDMA）；当以传输信号存在的时间不同来区分信道建立多址接入时，称为时分多址方式（TDMA）；当以传输信号的码型不同来区分信道建立多址接入时，称为码分多址方式（CDMA）。

图 4-23 和图 4-24 分别给出了 N 个信道的 FDMA 和 CDMA 的示意图。

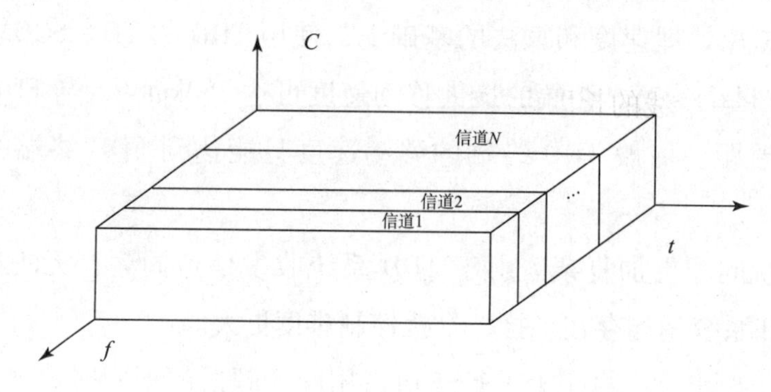

图 4-23　FDMA 示意图

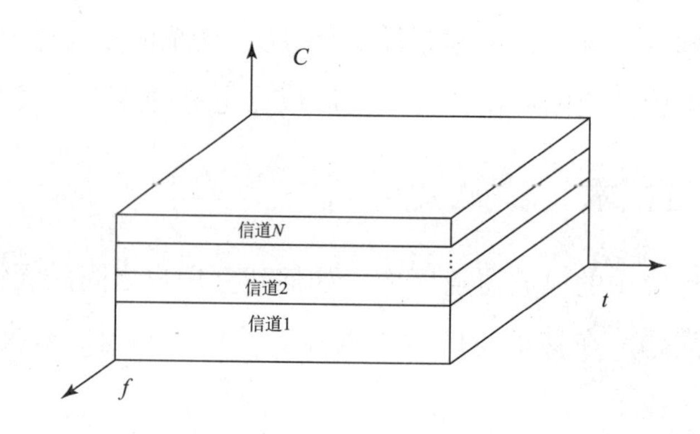

图 4-24　CDMA 示意图

目前在移动通信中的多址方式有频分多址（FDMA）、时分多址（TDMA）、码分多址（CDMA）及其混合应用方式等。

下面将分别介绍它们的原理。

1. 频分多址系统

频分多址（FDMA）系统为每一个用户指定了特定信道，这些信道按要求分配给请求服务的用户。在呼叫的整个过程中，其他用户不能共享这一频段。

在 FDD 系统中，分配给用户一个信道，即一对频谱。一个频谱用作前向信道，即基站向移动台方向的信道；另一个频谱则用作反向信道，即移动台向基站方向的信道。这种通信系统的基站必须同时发射和接收多个不同频率的信号。

任何两个移动用户之间进行通信都必须经过基站的中转，因而必须同时占用两个信道（两对频谱）才能实现双工通信。

在频率轴上，前向信道占有较高的频带，反向信道占有较低的频带，中间为保护频带。在用户频道之间设有保护频隙 F_g，以免因系统的频率漂移造成频道间的重叠。前向信道与反向信道的频带分割，是实现频分双工通信的要求；频道间隔（如为 25kHz）是保证频道之间不重叠的条件。

频分多址系统是基于频率划分信道。每个用户在一对频道中通信。若有其他信号的成分落入一个用户接收机的频道带内时，将造成对有用信号的干扰。就小区内的基站系统而言，主要干扰有互调干扰和邻道干扰。在频率集重复使用的蜂窝通信系统中，还要考虑同频道干扰。

2. 时分多址系统

时分多址（TDMA）系统是在一个宽带的无线载波上，把时间分成周期性的帧，每一帧再分割成若干时隙（无论是帧还是时隙都是互不重叠的），每个时隙就是一个通信信道，分配给一个用户。系统根据一定的时隙分配原则，使各个移动台在每帧内只能按指定的时隙向基站发射信号（突发信号），在满足定时和同步的条件下，基站可以在各时隙中接收到各移动台的信号而互不干扰。同时，基站发向各个移动台的信号都按顺序安排在预定的时隙中传输，各移动台只要在指定的时隙内接收，就能在合路的信号（TDM 信号）中把发给它的信号区分出来。所以时分多址系统发射数据是用缓存—突发法，因此对任何一个用户而言，发射都是不连续的。这就意味着数字数据和数据调制必须与时分多址一起使用，而不采用模拟 FM 的 FDMA 系统。

时分多址帧是时分多址系统的基本时隙单元，各个用户的发射相互连成一个重复的帧结构。帧是由时隙组成的，每一帧都是由头比特、信息数据和尾比特组成。在 TDMA/TDD 系统中，帧信息时隙的一半用于前向链路，另一半用于反向链路。在 TDMA/FDD 系统中，有一个完全相同或相似的帧结构，要么用于前向传送，要么用于反向传送，但前向和反向链路使用的载频和时间是不同的。TDMA/FDD 系统有目的地在一个特定用户的前向和反向时隙间设置了几个延时时隙，以便在用户单元中不需要使用双工器。

在一个 TDMA 帧中，头比特包含基站和用户用来确认彼此的地址和同步信息。利用保护时间来保证不同时隙和帧之间的接收机同步。同步和定时是码分多址移动通信系统正常工作的前提。因为通信双方只允许在规定的时隙中发送信号和接收信号，因而必须在严格的帧同步、时隙同步和比特（位）同步的条件下进行工作，如果通信设备采用相干检测，接收机还必须获得载波同步。

3. 码分多址系统

码分多址（CDMA）系统为每个用户分配了各自特定的地址码，利用公共信道来传输信息。码分多址系统的地址码相互具有准正交性，以区别地址，而在频率、时间和空间上都可能重叠。系统的接收端必须有完全一致的本地地址码，用来对接收的信号进行相关检测。其他使用不同码型的信号因为和接收机本地产生的码型不同而不能被解调。它们的存在类似于在信道中引入了噪声或干扰，通常称之为多址干扰。在码分多址蜂窝通信系统中，用户之间的信息传输也是由基站进行转发和控制的。为了实现双工通信，正向传输和反向传输各使用一个频率，即通常所谓的频分双工。无论是正向传输还是反向传输，除了传输业务信息外，还必须传送相应的控制信息。为了传送不同的信息，需要设置相应的信道。但是，码分多址通信系统既不分频道又不分时隙，无论传送何种信息的信道都靠采用不同的码型来区分。类似的信道属于逻辑信道。这些逻辑信道无论是从频域还是时域来看都是相互重叠的，或者说它们均占有相同的频段和时间。

码分多址数字蜂窝移动通信系统的各种信道的选择，可用正交 Walsh 函数来实现。码分多址数字蜂窝移动通信系统中移动用户的识别，需要采用周期足够长的 PN 序列，以满足对用户地址量的需求。利用 Walsh 函数的正交性，可作为码分多址的地址码。利用 Walsh 函数矩阵的递推关系，可得到 64×64 阵列的 Walsh 序列。这些序列在 Qualcomm - CDMA 数字蜂窝移动通信系统中被作为前向码分信道，并用作反向信道的编码调制。

4. 3 种多址技术的特点比较

1）频分多址系统的特点

（1）频分多址信道每次只能传送一个电话。

（2）每个信道占用一个载频，每个信道对应的每一载波仅支持一个电路连接。所以频分多址通常在窄带系统中实现。

（3）每个信道只传送一路数字信号，信号速率低，一般在 25kb/s 以下，远低于多径时延扩展所限定的 100 kb/s，所以在窄带频分多址系统中无须自适应均衡。

（4）基站系统庞大复杂，因为 BS 有多少信道就需要多少部收/发信机。

（5）频分多址系统每载波单个信道的设计，使得在接收设备中必须使用带通滤波器，以便指定信道里的信号通过。

（6）越区切换较为复杂和困难。

2）码分多址系统的特点

（1）突发传输的速率高，远大于语音编码速率。码分多址系统中需要较高的同步开销。

（2）发射信号速率随 N 的增大而提高，如果达到 100kb/s 以上，码间串扰就将加大，必须采用自适应均衡。

（3）基站复杂性减小。N 个时分信道共用一个载波，占据相同带宽，只需一部收/发信机，互调干扰小。

（4）抗干扰能力强，频率利用率高，系统容量大。

（5）越区切换简单。越区切换时不必中断信息的传输，即使传输数据也不会因越区切换而丢失。

3）时分多址系统的特点

（1）时分多址系统的许多用户共享同一频率，不管使用的是 TDD 还是 FDD 技术。

（2）通信容量大。

（3）容量具有软特性。

（4）平滑的软切换和有效的宏分集。

（5）低信号功率谱密度，使其有两方面好处：具有较强的抗窄带干扰能力；对窄带系统的干扰很小，有可能与其他系统共用频段，使有限的频谱资源得到更充分的使用。

4.3.3　复用技术

1. 提出信道（多路）复用技术的基本原因

通信线路的架设费用较高，需要尽可能地充分使用每个信道的容量，尽可能不重复建设通信线路。

一个物理信道（传输介质）所具有的通信容量往往大于单个通信过程所需

要的容量要求，如果一个物理信道仅为一个通信过程服务，必然会造成信道容量资源的浪费。

2. 信道（多路）复用技术实现的基本原理

把一个物理信道按一定的机制划分为多个互不干扰、互不影响的逻辑信道，每个逻辑信道各自为一个通信过程服务，每个逻辑信道均占用物理信道的一部分通信容量。

3. 实现信道多路复用技术的关键

（1）发送端如何把多个不同通信过程的数据（信号）合成在一起送到信道上一并传输。

（2）接收端如何把从信道上收到的复合信号中分离出属于不同通信过程的信号（数据）。

4. 实现多路复用技术的核心设备

（1）多路复用器（Multiplexer）。在发送端根据某种约定的规则把多个低速（低带宽）的信号合成一个高速（高带宽）的信号。

（2）多路分配器（Demultiplexer）。在接收端根据同一规划把高速信号分解成多个低速信号。

（3）多路复用器和多路分配器统称为多路器（MUX）。在半双工和全双工通信系统中，参与多路复用的通信设备通过一定的接口连接到多路器上，利用多路器中的复用器和分配器实现数据的发送和接收，如图 4 – 25 所示。

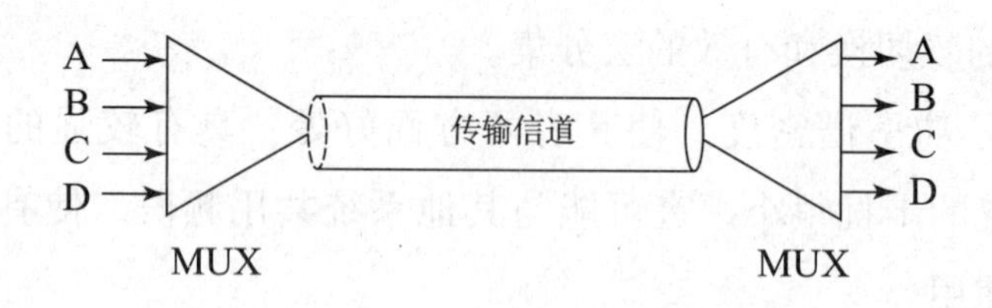

图 4 – 25　传输信道原理

5. 信道复用技术的类型

信道复用技术类型如图 4 – 26 所示。

1）FDM 技术

（1）频分多路复用（Frequency Division Multiplexing，FDM）技术的适用领域。采用频带传输技术的模拟通信系统，如广播电视系统、有线电视系统、载

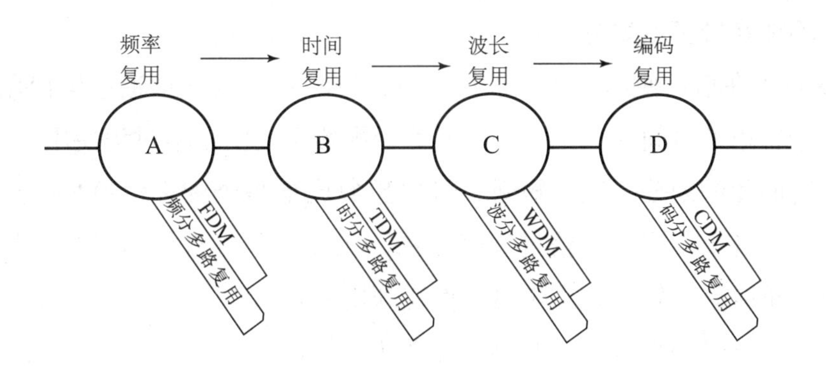

图 4－26　信道复用技术类型

波电话通信系统等。

（2）FDM 技术的基本原理如下。把物理信道的整个带宽按一定的原则划分为多个子频带，每个子频带用作一个逻辑信道传输一路数据信号，为避免相邻子频带之间的相互串扰影响，一般在两个相邻的子频带之间留出一部分空白频带（保护频带）；每个子频带的中心频率用作载波频率，使用一定的调制技术把需要传输的信号调制到指定的子频带载波中，再把所有调制过的信号合成在一起进行传输，如图 4－27 所示。

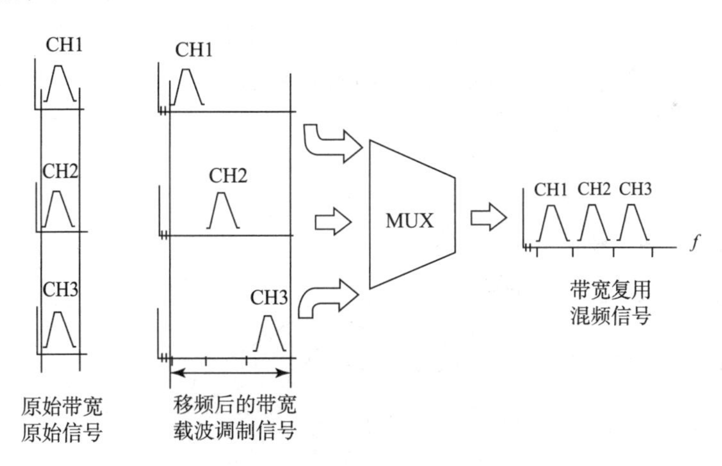

图 4－27　FDM 技术基本原理

接收端各路信号的区分依赖于载波中心频率。

2）TDM 技术

（1）时分多路复用（Time Division Multiplexing，TDM）技术的适用领域。采用基带传输的数字通信系统，如计算机网络系统、现代移动通信系统等。

（2）TDM 技术的基本原理。由于基带传输系统采用串行传输的方法传输数字信号，不能在带宽上划分。

TDM 技术在信道使用时间上进行划分，按一定原则把信道连续使用时间划分为一个个很小的时间片，把各个时间片分配给不同的通信过程使用。

由于时间片的划分一般较短暂，可以想象成把整个物理信道划分成了多个逻辑信道交给各个不同的通信过程来使用，相互之间没有任何影响，相邻时间片之间没有重叠，一般也无须隔离，信道利用率更高。

TDM 技术分为 STDM 和 ATDM，如图 4－28 所示。数据帧走向如图 4－29、图 4－30 所示。

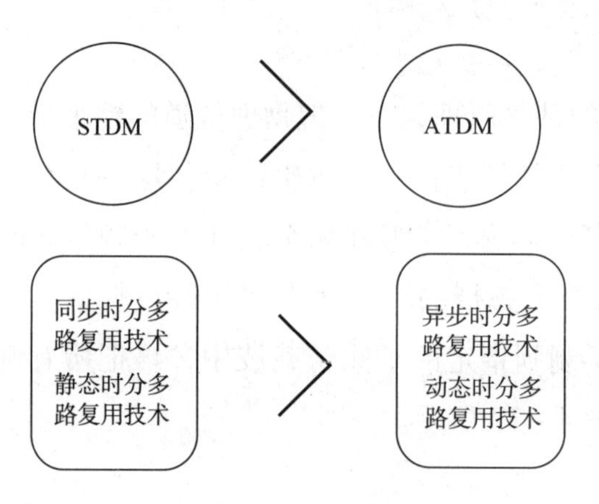

图 4－28　STDM 技术划分

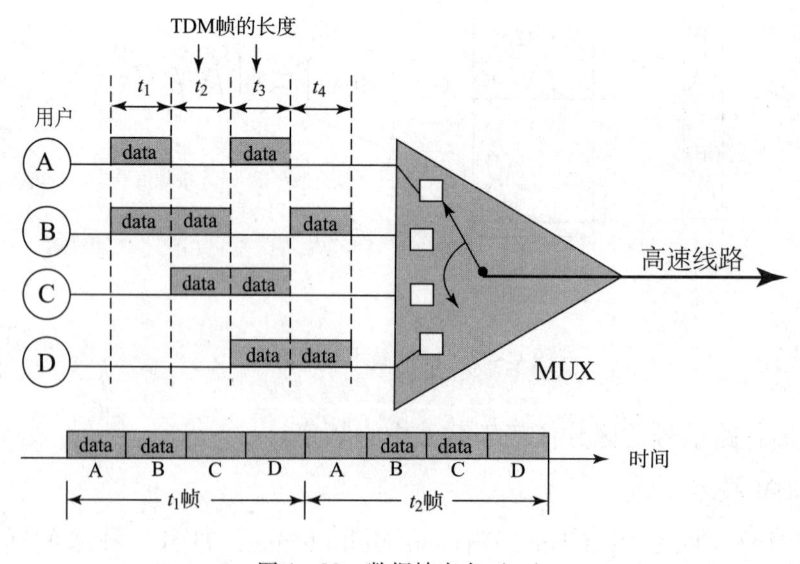

图 4－29　数据帧走向（一）

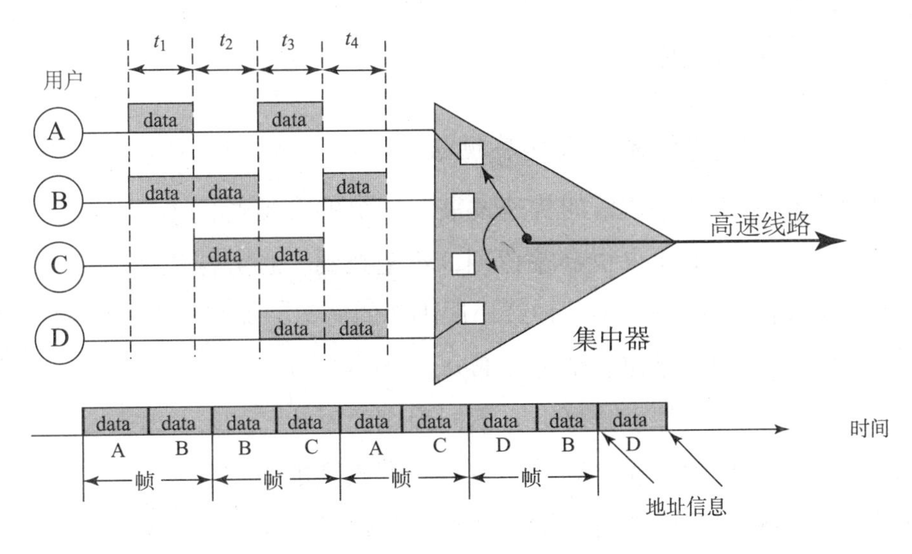

图 4-30 数据帧走向（二）

3）WDM 技术

（1）波分多路复用（Wave Division Multiplexing，WDM）技术的适用领域。使用光纤传输介质的光信号通信系统。

（2）WDM 技术的基本原理如下。类似于 FDM，采用波长分割技术实现多路复用，实现时采用光学系统的衍射光栅原理进行不同波长的光波信号的合成与分解，这是光通信网络的基本核心技术，如图 4-31 所示。

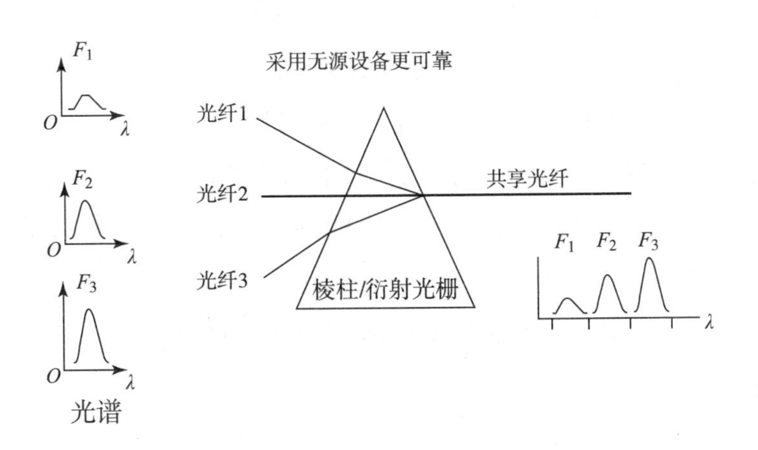

图 4-31 WDM 多路复用原理

接收端各路信号的区分依赖于光信号的波长（频率）。

4.3.4 编码技术

1. 编码技术研究的意义及发展现状

近些年来，随着数字通信的快速发展，传统的模拟通信逐渐淡出人们的视野。人们对通信质量的要求也日益苛刻，希望找到一种方法，在保证数据传输一定有效性的情况下，设计出一种减小误码率的方案，提高数据传输的可靠性。因而在系统的设计中差错控制是核心部分。

然而，在非理想条件下，总会有不同程度的干扰，如数据在传输过程的自身不断衰减、信道中的白噪声等会导致接收方收到的数据发生误码。因此，为了确保数据在传输过程中的可靠性，必须在传输过程中增加一种保护措施。差错控制编码就是这样一种应用，在数字通信中保护数据不被噪声干扰，通过添加监督码元来实现对数据的差错控制，以此来降低误码率，从而提高数字通信的质量。信道编码就是通过添加冗余码元来使通信系统具备一定的纠错能力和抗干扰能力，这样便可以极大地降低码元在传输过程中发生误码的可能性。

近年来，在信道编码定理的指引下，人们一直致力于寻找能满足现代通信业务要求、性能优越的一种编码方式，并对线性分组码、卷积码、Turbo 码经过长期的研究终于得到了许多性能优良的编码方法，如 LDPC 码、分组 - 卷积级联码等，在这些编码技术中纠错性能最好的编码方式包括级联码、TCM 技术和软判决译码。虽然上述编码技术都对信道编码的设计和发展产生了重大影响，但是其增益与香农理论极限始终都存在一定的差距。

20 世纪 90 年代以后，以迭代译码为基础的高效差错控制编码成为主要研究对象，不再将精力放在以代数为基础的代数码上，而是寻找新的纠错码的编码方式。其中有以 Tanner 图为基础发展起来的编译码的可视化方法。总之，为实现高效纠错，不是采用级联方式构造随机长码，就是采用迭代译码，或两者均采用，以逼近香农限。

数字通信的基本特征是：具有离散的特性，从而使数字通信具有许多特殊的问题。另外，以下的问题也对通信系统造成了一定干扰：一是如果传输信息的安全性很重要，可以在发送端对其进行加密处理，然后在接收端根据一定的规律将源码抽取出来即可，即解密；二是尽量保证发送端与接收端保持相同的步调，否则很可能会因为不协调而产生误码；三是数字信号传输时，信道噪声或干扰所造成的差错是可以通过差错控制编码来控制的。于是，在发送端增加一个编码器，在接收端接一个解码器就显得尤为重要。另外，在数字通信系统中同步问题也不可忽视。数字通信系统模型如图4－32所示。

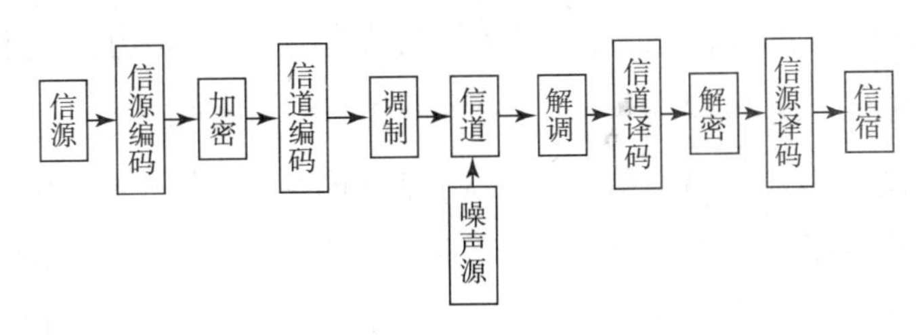

图4－32　数字通信系统模型

2. 无线信道

通信中的无线信道其实是物理介质，它主要起到一种桥梁的作用，将信源输出的信号发送给信宿，信道的一般组成如图4－33所示。

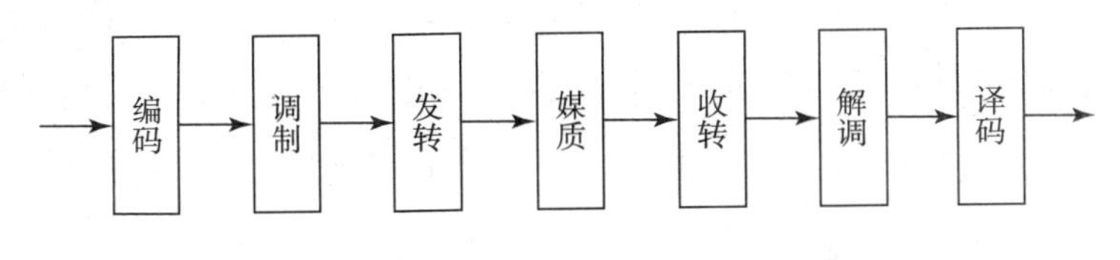

图4－33　信道的一般组成

3. 信道编码

1）信道编码简介及其意义

数字信号在传输中往往由于各种原因，使传送的数据产生误码，从而使接收端产生图像跳跃、不连续等现象。所以通过信道编码这一环节，对数据进行相应的处理，使系统具有一定的检错纠错能力和抗干扰能力，可最大限度地避免误码的发生。

由于信道中的加性干扰不能通过均衡等方法完全消除，因此在通信系统中，必须采取一定的措施来纠正错误，降低系统的误码率。信道编码就是一种非常有效的措施。信道编码的任务就是在发送端信号中添加一定的监督码元，在接收端通过这些冗余码元来进行检错及纠错。添加监督码元会降低系统的编码效率，但是这些代价是可以接受的。信道编码正是基于此提出并发展起来的。

2）信道编码的分类

差错控制的基本方式大概可以分成两大类。第一类是反馈方式，包括自动反馈重发（ARQ）和混合纠错（HEC）等方式，反馈方式比前向纠错要简单得多，但必须有反馈信道。第二类被称为前向纠错（FEC）方式，FEC 为单向传输且构造十分复杂。在接收端，FEC 方式下译码器能进行自动纠错，但一旦发生错误，则不再请求传输，故其不需要有反馈信道。FEC 方式有许多种分类方法，经常适用的有分组码和卷积码、线性码和非线性码等。

（1）自动反馈重发（ARQ）。发送端经过简单编码后发送出码元，这些码元是在信息码元中添加了少许的冗余码元，利用这些冗余码元能够检查错误，接收端接收这些码元并对它们进行检测。如果检查出错误，就利用反馈信道通知发送端重新发送。这个动作是不断重复的，并一直持续到接收端接收到正确的信息才结束。分析上述过程，因为需要使用反向信道发送反馈应答信号，所以成本和复杂度均会较高，且实时性也较差。

（2）混合纠错（HEC）。发送端经过编码后发出的码组具有检错、纠错的能力。在接收端接收到的码组中存在少量错误的时候，混合纠错方式能够自动完成纠错，在能检测到错误的前提下，若出现的差错量超出了纠错能力范围，则接收端利用反馈信道发送反馈信息。发送端接收到反馈信息后将重新发送信息。HEC 方式可以理解为是 FEC 方式与 ARQ 方式的结合。

4. 线性分组码

1）线性分组码的特点

（n，k）线性分组码就是把信息序列分组，且每组含有 k 个码元，最后一组的码元不够 k 个时则补零，每个小段信息在经过编码器编码时，编码器依照某种既定规律使其产生 r 个监督码元，从而得到长度为 $n=k+r$ 的码字，对于任一个（n，k）线性分组码，当最小汉明距离为 $d_{\min}$ 时，其检错、纠错能力很容易求得。

2）线性分组码的基本概念

差错控制编码在数字通信中利用编码方法对传输中产生的差错进行控制，以提高传输正确性和有效性的技术。差错控制编码包括差错检测、前向纠错（FEC）和自动请求重发（ARQ）。

根据差错性质不同，差错控制编码分为对随机误码的差错控制和对突发误码的差错控制。随机误码指信道误码较均匀地分布在不同的时间间隔上；而突发误码指信道误码集中在一个很短的时间段内。有时把几种差错控制方法混合使用，并且要求对随机误码和突发误码均有一定差错控制能力。

这是一种保证接收的数据完整、准确的方法。为了发现这些错误，发送端调制解调器对即将发送的数据执行一次数学运算，并将运算结果连同数据一起发送出去，接收数据的调制解调器对它接收到的数据执行同样的运算，并将两个结果进行比较。如果数据在传输过程中被破坏，则两个结果就不一致，接收数据的调制解调器就申请发送端重新发送数据。

3）线性分组码的基本原理及编码方法

实际信号传输由于噪声等干扰因素必然存在传输误差。表征差错程度的主要参数就是差错概率。

循环码在编码时，首先需要根据给定循环码的参数（n，k）确定生成多项式 $g(x)$，也就是从 x^{n+1}的因子中选一个 $n-k$ 次多项式作为 $g(x)$。利用循环码的编码特点，即所有循环码多项式 $A(x)$ 都可以被 $g(x)$ 整除，来定义生成多项式 $g(x)$。

根据上述原理，可以对给定的信息位进行编码。对于（n，k）循环码，设 $m(x)$ 表示信息码多项式，根据循环码编码方法，其次数必小于 k。而 $x^{n-k}m(x)$ 的次数必小于 n，用 $x^{n-k}m(x)$ 除以 $g(x)$，可得余数 $r(x)$，$r(x)$ 的次数必小于 $g(x)$ 的次数 $n-k$。将 $r(x)$ 加到信息位后作监督位，即将 $r(x)+x^{n-k}m(x)$ 就得到了系统循环码。因此，编码步骤可以归纳如下。

用 x^{n-k}乘以 m（x）。这一运算实际上是在信息码后附加 $n-k$ 个“0”。例如，信息码为110，它相当于 $m(x)=x^2+x$。当 $n-k=4$ 时，$x^{n-k}m(x)=x^6+x^5$，相当于1100000。

求 $r(x)$。由于循环码多项式 $A(x)$ 都可以被 $g(x)$ 整除，因此，用 $x^{n-k}m(x)$ 除以 $g(x)$，就得到了商 $Q(x)$ 和余式 $r(x)$，这样就得到了 $r(x)$。

求 $A(x)$。编码输出系统循环码多项式 $A(x)$ 为

$$A(x)=x^{n-k}m(x)+r(x)$$

上述（n，k）循环码的编码过程，在硬件实现时可以利用除法电路来实现，这里的除法电路采用一些移位寄存器和模 2 加法器来构成。当信息位输入时，开关位置接“2”，输入的信息码一方面送到除法器进行运算，另一方面直接输出：当信息位全部输出后，开关位置接“1”，这时触出端接到移位寄存器的输出，这时触发的余项，也就是监督位依次输出。

5. 卷积码

1）卷积码编码概述

卷积码非常适用于纠正随机错误，但是解码算法本身的特性却是：如果在解码过程中发生错误，解码器可能会导致突发性错误。为此在卷积码的上部采用 RS 码，RS 码适用于检测和校正那些由解码器产生的突发性错误。所以卷积码和 RS 码结合在一起可以起到相互补偿的作用。

2）卷积码基本原理

在一个二进制分组码（n，k）中，包含 k 个信息位，码组长度为 n，每个码组的 $n-k$ 个校验位仅与本码组的 k 个信息位有关，而与其他码组无关。为了达到一定的纠错能力和编码效率 $\eta = k/n$，分组码的码组长度 n 通常都比较大。编译码时必须把整个信息码组存储起来，由此产生的延时随着 n 的增加而线性增加。

为了减少延迟，人们提出了各种解决方案，其中卷积码就是一种较好的信道编码方式。这种编码方式同样是把 k 个信息比特编成 n 个比特，但 k 和 n 通常很小，特别适宜于以串行形式传输信息，减小了编码延时。与分组码不同，卷积码中编码后的 n 个码元不仅与当前段的 k 个信息有关，而且也与前面 $N-1$ 段的信息有关，编码过程中相互关联的码元为 nN 个。因此，这 N 时间内的码元数目 nN 通常称为这种码的约束长度。卷积码的纠错能力随着 N 的增加而增大，在编码器复杂程度相同的情况下，卷积码的性能优于分组码。另一不同点是：分组码有严格的代数结构，但卷积码至今尚未找到如此严密的数学手段，把纠错性能与码的结构十分有规律地联系起来。

6. Turbo 码

1）Turbo 码概述

纠错码技术在过去的数年中发生了翻天覆地的变化。自 1993 年 Turbo 码被 C. Berrou 等人提出以来，Turbo 码就以其优异的性能和通俗易懂、简单可行的编译码算法引起了许多专家的兴趣。如果采用大小为 65535 的随机交织器，并且进行 18 次迭代，码率为 1/2 的 Turbo 码在 AWGN 信道上的误比特率（BER）$\leqslant 10^{-5}$ 的条件下，Turbo 码离香农限仅相差 0.7dB，而传统的编译码方案要与香农限相差 3～6dB，从中可以看出 Turbo 编码方案的明显优越性。

1993 年诞生的 Turbo 码，单片 Turbo 码的编/解码器，运行速率达 40Mb/s。

该芯片集成了一个 32×32 交织器，其性能和传统的 RS 外码和卷积内码的级联一样好。所以 Turbo 码是一种先进的信道编码技术，由于其不需要进行两次编码，所以其编码效率比传统的 RS + 卷积码要好。

2）Turbo 码的编码原理

典型的Turbo 码编码器原理框图如图4－34 所示，它由两个反馈的编码器通过一个交织器 I 并行连接而成。如果有必要，由成员编码器输出的序列经过删余阵，从而可以产生一系列不同码率的码元。例如，对生成矩阵为 $\boldsymbol{g}=[g_1, g_2]$ 的（2，1，2）卷积码编码后，如果进行删余，则得到码率为 1/2 的编码输出序列；如果不进行删余，则得到的码率为 1/3。一般情况下，Turbo 码成员编码器是 RSC 编码器（因为递归编码器可以改善码的比特误码率性能）。

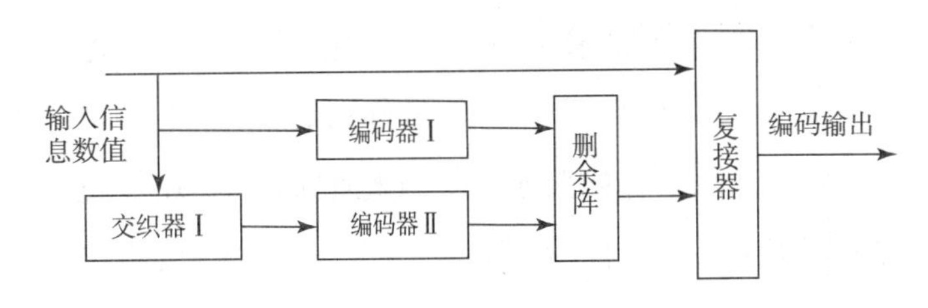

图 4－34　Turbo 码编码原理框图

4.3.5　多载波技术

多载波调制的基本思想是将传输比特分成多个子比特流，再调制到不同的子载波上进行传输，从而减小码间串扰（ISI）。当子信道重叠时，为了能在接收端恢复发送的信号，实现信道的正交复用，必须要求子载波相互正交，这也正是多载波调制和信道正交复用中的关键要素。

多载波调制的基本思想是将传输比特流分成多个子比特流，再调制到不同的子载波上进行传输。一般情况下，各子载波在理想传播条件下是相互正交的。子载波上的数据速率远小于总数据速率，各子信道的带宽也远小于系统总带宽。这样，可以使每个子信道所经历的衰落是相对平坦的，从而让子信道上的码间串扰比较小。典型的多载波调制技术有 OFDM，原理是将宽带信道通过正交分解成多个并行的窄带信道。如何实现宽带信道的正交分解以及子载波的正交性是本书讨论的重点。

OFDM 系统将宽带信道分解为相互正交的一组窄带子信道，每个子信道上传输不同的 QAM 符号，实现了高效的信道正交复用。

4.3.6 多路输入输出技术

多路输入输出（MIMO）技术已经广泛应用在许多现代通信标准中，特别是消费领域。原因是相对于单路输入输出（SISO），MIMO 技术有很明显的优势。

多路输入输出指的是当一个报文在发射端被一根或者多根天线传输，而在接收侧被一根或者多根天线接收的情况。与之对比的是，单路输入输出的发送和接收都用一根天线，而另外有种说法叫单路输入多路输出（SIMO），是指发送用一根，接收有多根天线。

可能有人会对单路输入多路输出的输入和输出定义感到有点奇怪，其实这是因为当初在贝尔实验室最开始定义这个名称时，工程师在发送和接收侧都是分别测试的，而不是整个无线链路测试，因此他们把“IN”定义为发送功能，“OUT”定义为接收功能，并一直沿用至今。

1. 多天线技术

在发送和接收侧的多天线引入了信号自由度的概念，这在 SISO 系统中是没有的。这里的自由度主要指的是空间自由度。这种空间自由度可以被定义 3 种，分别为分集、复用以及这两种的组合。

2. 分集

简单来说，分集（Diversity）意味着重复。举个例子，多根天线接收同一个信号，就代表发射分集。由于每根天线在接收数据时也接收到了各自的噪声，但由于各个噪声的不相关性，合并多个天线信号能够消除部分噪声，从而得到质量更好的信号。打个比方，如果从两个不同的方面来看同一个物件，那么得到的评价也会更可靠。需要说明的是，分集并不一定要多个接收天线才能实现，后面就会讲到，分集也可以使用多个发送天线通过空时编码（STC）技术来实现。

3. 空间复用

第二个主要的多路输入输出技术为空间复用（Spatial Multiplexing），空间复用可以在不增加带宽和发送功率的情况下通过成对的多路输入输出发送、接收来增加系统吞吐量。空间复用增加的吞吐量与发送或接收天线数目（较少的那个）成线性关系。空间复用中，每个传输天线发送不同的比特流信息，每个接收天线收到来自所有传输天线的线性综合信息。这样，整个无线信道构成一个矩阵，由发射和接收天线阵列组成，反射和散射等信道传输因素也考虑在其中。而当这个多路输入输出系统在一个散射特别强的环境中运行时，信道矩阵就可逆（这是因为丰富的散射让矩阵行列不相关），这样接收译码出来的信号就有多路增益。

分集可以获得信号增益，而空间复用能够提升系统吞吐量。需要说明的是，多路输入输出系统中需要权衡分集和复用所能带来的增益，一个典型的多路输入输出系统，根据无线信道条件可以自动地找到分集和复用曲线的均衡点。

4. 多路输入输出技术

现代多路输入输出技术中，使用较多和较为成熟的是特征波束成形、空时编码技术以及空间复用技术。

1）特征波束成形

在传输和接收端都可以使用特征波束成形（Eigen - Beamforming）。通常情况下，使用高增益的定向天线，可以增强系统的增益。但特征波束成形技术可以获得相同的增益，同时不需要考虑天线的方向和周边环境散射等因素。提到特征波束成形，很多人都想到了军用的相控阵雷达系统，相控阵系统将许多天线组成一个天线簇，然后通过控制天线簇的方位，针对某个方向形成发送或者接收的“波束”。相控阵看上去很高大上，因为它用在很多非常昂贵的军事系统中，但实际上它就是实现了现代多路输入输出技术中较为简单的波束成形的功能。相控阵系统通过有限的相位偏移和合并多个模拟域信号来完成波束成形。它存在几个不足，首先是它的性能增益随着带宽的增加而减少，另外就是它只能实现视距条件下的波束成形，非视距条件下的散射和反射都会导致信号急剧衰减。而多路输入输出特征波束成形是从数字域对所有天线的信号进程处理，使用了最为成熟的数字信号处理技术，甚至多路输入输出特征波束成形可以单独处理每个窄带子载波（OFDM）。多路输入输出系统的波束成形就是特征波束成形，它不是简单地局限在一个三维空间内塑造一个波束，也不会被散射和多径反射所干扰。当一个特征波束成形器从有效天线方向图上面接收到的一个非视距的、带有多种反射的信号时，特征波束成形器就根据收到信号进行处理，从各路反射上获得多路增益。

2）空时编码技术

在多天线的发射端采用空时编码技术（Space - Time Coding），可以让单接收天线获得和多接收天线相同的增益。空时编码技术将原本在单天线上传输的信号，通过信号处理手段得到经过数学变化后的信号，再让额外的天线来发送这些信号，这样可以提高接收端从噪声中提取有用信号的能力。空时编码是波束成形或者分集接收的很好对端匹配。举个例子，车载无线设备一般都有 4 根天线，而手持型设备一般只有 1 ~ 2 根天线。如果手持设备通过单天线传输，车载设备可以通过接收分集或者波束成形来增加接收增益；反过来，空时编码可以让车载设备通过 4 根天线发射数据，手持型设备单天线接收空时编码后的数据也能产生增益。这样使得链路更加对称，同时也保证了双向通信。

3）空间复用技术

这是比较难理解的多路输入输出技术。这种多路输入输出技术在不同的天线，同一频点上传输多个独立的数据流。接收端必须使用不少于数据流数目的接收天线才能译码正确，这样在频点资源一定的情况下能提高整个系统的吞吐量。4 ×4 的多路输入输出系统最多能同时支持 4 个数据流，这样它的吞吐量是同样带宽的单路输入输出系统的 4 倍。假设有 4 个数据流需要传输（A、B、C 和 D），这些数据流在空间叠加到达接收端后变成 $wA + xB + yC + zD$，这里 x、y、w 和 z 分别代表每根天线上由于多径导致的信道变化。接收端可以通过线性代数的方法，解一个四元四次方程组，从而恢复 A、B、C 和 D 这 4 个原始值。多路输入输出空间复用技术有个优点，那就是在不降低链路稳定性的情况下提高频谱利用率，就如同使用了高阶星座图解调一样。例如，相同的信道下，假设多路输入输出系统中两个数据流配合使用 16QAM 和相当文档的 FEC 编码率就可以达到 4 bps/Hz，单路输入输出系统就需要 64QAM 外加不太稳定的 FEC 码率才能达到，这就会极大地限制它的使用范围并要求提高传输功率。

4.3.7 超宽带频谱

随着计算机通信技术的不断发展，无线传输技术得到了广泛的应用，而超带宽（UWB）技术作为一种新型短距离高速无线通信技术正占据主导地位。超带宽技术不需载波，能直接调制脉冲信号，产生带宽高达几兆赫兹的窄脉冲波形，其带宽远远大于目前任何商业无线通信技术所占用的带宽。超带宽信号的宽频带、低功率谱密度的特性，目前使超带宽技术在商业多媒体设备、家庭和个人网络方面的应用不断发展。

超带宽技术又称为脉冲无线发射技术，是指占用带宽大于中心频率的1/4或带宽大于1.5GHz的无线发射方案。超宽带技术的主要特点如下。

（1）共享频谱资料。超带宽技术以一种新的、与其他系统共享的方式使用频谱。它使用的频谱为3.1～10.6GHz，宽度高达7500MHz，而无须划分特定的、专有的频段。超带宽的极宽的频谱和极低的发射功率，也使超带宽系统具有传输速率高、系统相对简单、成本低、功耗低等优点。

（2）传输速率高，系统相对简单、成本低，功耗低。超带宽通信利用其超宽带的优势，传输速率可达1Gb/s以上。传统的无线通信系统，因为频带较窄，要实现100Mb/s以上的高传输速率，必须采用高阶调制等方法达到较高的频谱使用效率，但必须要有更高的信噪比，这样才能保证系统的误码性能。另外，由于超带宽的发射功率受到了严格的限制，所以超带宽系统在信号发射上的功耗也很低。

（3）定位精度高。信号的定位精度与其带宽直接相关。超带宽信号的带宽一般在500MHz以上，远远高出一般的无线通信信号，因此其所能实现的定位精度也很高。基带窄脉冲形式的信号，因为其带宽通常为数吉赫兹，所以其定位精度更是可以高达厘米量级。

（4）多径分辨能力强。超宽带无线电发射的是持续时间极短的单周期脉冲，且占空比极低，多径信号在时间上是可分离的。

超宽带通信系统中的关键技术如下。

1. 脉冲成形技术

脉冲成形的主要目的是要发射信号的功率谱密度满足美国联邦通信委员会（FCC）的规定，同时要尽可能地利用规定的频谱空间以求尽可能大地发射功率。脉冲成形技术中最具代表性的无载波脉冲是高斯单周脉冲。高斯单周脉冲是高斯脉冲的各阶导数，各阶脉冲波形可由高斯一阶导数通过逐次求导得到。随着脉冲信号阶数的增加，过零点数逐渐增加，信号中心频率向高频移动，但信号的带宽无明显变化，相对带宽逐渐下降，早期超带宽系统采用1阶、2阶脉冲，信号频率成分从直流延续到2GHz，按照FCC对超带宽的新定义，必须采用4阶以上的亚纳秒脉冲方能满足辐射谱要求。

2. 调制技术

调制方式是指信号以何种方式承载信息，它不但决定着通信系统的有效性和可靠性，也影响信号的频谱结构、接收机复杂度。在UWB系统中常用的调制方式可以分为两大类，即基于超宽带脉冲的调制、基于OFDM的正交多载波调制。其中基于超带宽脉冲的调制常用的有脉位调制（PPM）和脉幅调制（PAM）。

3. 脉位调制

脉位调制（PPM）调制方式一般和跳时TH（Time Hoping）方式结合，适用于低速通信系统。PAM是数字通信系统最为常用的调制方式之一。在UWB系统中，考虑到实现的复杂度和功率的有效性，不宜采用多进制PAM（MPAM）。UWB系统常用的PAM有两种方式，即开关键控（OOK）和二进制相移键控（BPSK）。OOK可以采用非相干检测降低接收机复杂度，而BPSK采用相干检测可以更好地保证传输可靠性。

正交多载波调制（OFDM）是一种高效的数据传输方式，其基本思想是把高速数据流分散到多个正交的子载波上传输，从而使子载波上的符号速率大幅降低，符号持续时间大大加长，因而对时延扩展有较强的抵抗力，减小了符号间干扰的影响，通常在正交多载波调制符号前加入保护间隔，只要保护间隔大于信道的时延扩展则可以完成消除符号间干扰，正交多载波调制相对于一般的多载波传输的不同之处是它允许子载波频谱部分重叠，只要满足子载波间相互正交就可以从混叠的子载波上分离出数据信息，由于正交多载波调制允许子载波频谱混叠，其频谱效率大大提高，因而是一种高效的调制方式。

4. 多址技术

在超带宽系统中，多址技术方式与调制方式有密切联系。当系统采用脉位调制方式时，多址输入方式多采用跳时多址。若系统采用BPSK方式，则多址接入方式通常有两种，即直序方式和跳时方式。基于上述两种基本的多址方式，许多其他多址方式陆续被提出，如伪混沌跳时多址方式、DS－BPSK/TH混合多址方式等。由于超带宽脉冲信号具有极低的占空比，其频谱能够达到吉赫兹数量级，因而超带宽在时域中具有其他调制方式所不具有的特性。当多个用户的超带宽信号被设计成不同的具有正交波形时，根据多个超带宽用户时域发送波形的正交性，以区分用户“实现多址”，这被称为波分多址技术。

5. 天线的设计

能够有效辐射时域短脉冲的天线是超带宽研究的另一个重要方面。超带宽天线应该达到以下要求：一是输入阻抗具有超带宽特性；二是相位中心具有超宽频带不变特性。即要求天线的输入阻抗和相位中心在脉冲能量分布的主要频带上保持一致，以保证信号的有效发射和接收。对于时域短脉冲辐射技术，早期采用双锥天线、V 锥天线、扇形偶极子天线，这几种天线存在馈电难、辐射效率低、收发耦合强、无法测量时域目标的特性，只能用作单收发用途。随着微波集成电路的发展，研制出了超带宽平面槽天线，它的特点是能产生对称波束，可平衡超带宽馈电，具有超带宽特性。

6. 信号检测与接收技术

目前，超带宽接收机结构主要有 Rake 接收机、发射 - 参考（TR）接收机、差分接收机和能量接收机。后 3 种接收机的原理相似，结构要比 Rake 接收机简单，而且大部分模块可以用模拟器件实现，对同步精度要求不高。但这 3 种都属于非相干接收机，比相干接收机有 3dB 的性能损耗，传输速率不高。当然可以通过多进制调制，增加占空比，提高数据的传输速率，但同时会造成性能的恶化。对于高速数据传输还是要选择相干接收机。全数字 Rake 接收机能达到很高的速率、可灵活重新配置和调整，但目前硬件难以实现。另一种选择是用模拟/数字混合结构实现 Rake 接收机，在前段采用模拟的匹配滤波器以降低采样率和对 DSP 的处理能力的要求。

高数据率情况下，Rake 要解决两个问题，一是同步，二是均衡。同步技术对于超带宽系统来说十分关键。超带宽信号同步问题的主要挑战是同步精度与捕捉速度。低占空比超带宽信号使其频谱相当宽，低发射功率的限制加剧了超带宽信号的捕获难度。同时，由于多径的存在，可能有几条多径满足同步判决的条件。这就使超带宽系统的同步具有多种捕获状态和较大的搜索空间。这里的同步可以分为分组同步、码同步和信道估计，所要求的定时精度高、性能优良、处理速度快等。至于均衡，可以考虑联合 Rake 与均衡器的设计方法。通过 Rake 接收捕捉各条路径的能量以抵抗衰落，同时利用均衡来消除符号间干扰。目前对接收机在多径和各种干扰环境下的性能分析通常基于 Rake 接收机，在具体实现上，有几种路径选取方法可以使用，如选择信号最强的L条路径或是最先到达的L条路径。合并策略也可采用最大比合并或等增益合并，前者的性能更好，只是实现难度较大，从仿真结果来看，就超带宽信道特性而言，选择4～6条路径进行合并已可获得接近最佳的性能。

超带宽具有因抗干扰性能强、传输速率高、带宽极宽等优势，被广泛应用于室内通信、高速无线LAN等领域。但对于其主要的技术还有待改进和进一步优化，如克服多径、降低系统误判、减小同步系统实现的复杂度是超带宽同步系统研究的主要方向。

4.4 无线通信系统架构

蜂窝移动通信系统主要是由交换网路子系统（NSS）、无线基站子系统（BSS）和移动台（MS）三大部分组成。其中NSS与BSS之间的接口为A接口，BSS与MS之间的接口为Um接口。在模拟移动通信系统中，TACS规范只对Um接口进行了规定，而未对A接口做任何限制。因此，各设备生产厂家对A接口都采用各自的接口协议，对Um接口遵循TACS规范。也就是说，NSS系统和BSS系统只能采用一个厂家的设备，而MS可通过GSM通信系统采用不同厂家的设备。

4.4.1 交换网络子系统

交换网络子系统主要完成交换功能和客户数据与移动性管理、安全性管理所需的数据库功能。NSS由一系列功能实体所构成，各功能实体介绍如下。

（1）MSC：是GSM系统的核心，是对位于它所覆盖区域中的移动台进行控制和完成话路交换的功能实体，也是移动通信系统与其他公用通信网之间的接口。它具有网络接口、公共信道信令系统和计费等功能，还具有BSS、MSC之间的切换和辅助性的无线资源管理、移动性管理等功能。另外，为了建立至移动台的呼叫路由，每个MS还应具有入口MSC（GMSC）的功能，即查询位置信息的功能。

（2）VLR：是一个数据库，是存储MSC为了处理所管辖区域中MS（统称拜访客户）的来话、去话呼叫所需检索的信息，如客户的号码、所处位置区域的识别、向客户提供的服务等参数。

（3）HLR：是一个数据库，是存储管理部门用于移动客户管理的数据。每个移动客户都应在其归属位置寄存器（HLR）注册登记，它主要存储两类信息：一是有关客户的参数；二是有关客户目前所处位置的信息，以便建立至移动台的呼叫路由，如 MSC、VLR 地址等。

（4）AUC：用于产生为确定移动客户的身份和对呼叫保密所需鉴权、加密的三参数（随机号码 RAND 以及符合响应 SRES、密钥 Kc）的功能实体。

（5）EIR：是一个数据库，存储有关移动台设备参数。主要具有对移动设备的识别、监视、闭锁等功能，以防止非法移动台的使用。

4.4.2　无线基站子系统

BSS 系统是在一定的无线覆盖区中由 MSC 控制，与 MS 进行通信的系统设备，它主要具有完成无线发送、接收和无线资源管理等功能。功能实体可分为基站控制器（BSC）和基站收发信台（BTS）。

（1）BSC：具有对一个或多个 BTS 进行控制的功能，它主要具有无线网络资源的管理、小区配置数据管理、功率控制、定位和切换等功能，是一个很强的业务控制点。

（2）BTS：无线接口设备，它完全由 BSC 控制，主要负责无线传输，具有无线与有线的转换、无线分集、无线信道加密、跳频等功能。

4.4.3　移动台

移动台就是移动客户设备部分，它由两部分组成，即移动终端（MS）和客户识别卡（SIM）。移动终端就是“机”，它可完成语音编码、信道编码、信息加密、信息的调制和解调、信息发射和接收。

SIM 卡就是“身份卡”，它类似于现在所用的 IC 卡，因此也称为智能卡，存有认证客户身份所需的所有信息，并能执行一些与安全保密有关的重要信息，以防止非法客户进入网络。SIM 卡还存储与网络和客户有关的管理数据，只有插入 SIM 卡后移动终端才能接入网络，但 SIM 卡本身不是代金卡。

4.5　无线通信系统频谱划分

4.5.1　全球无线频谱划分

国际《无线电规则》广播业务频率划分见表4－3。

表4－3　国际《无线电规则》广播业务频率划分表（米波、分米波）

频段	Ⅰ区		Ⅱ区		Ⅲ区	
	频段/MHz	业务	频段/MHz	业务	频段/MHz	业务
米波（VHF）	41～47	广播 固定 移动	54～68	固定 移动 广播	44～50	固定 移动 广播
	47～68	广播	68～73	固定 移动 广播	54～68	固定 移动 广播
	87.5～100	广播				
	100～108	移动（除航空移动业务外）	75.4～88	固定 移动 广播	87～100	固定 移动 广播
			88～108	广播	100～108	广播
	174～216	广播	174～216	固定 移动 广播	170～216	固定 移动 广播
	216～223	航空导航 广播				
分米波（UHF）	470～582	广播	470～890	广播	470～585	广播
	582～606	广播、无线导航			610～890	固定、移动、广播
	606～790	广播				
	790～890	固定、广播				
	890～942	固定、广播、无线电定位	890～942	固定、无线电定位	890～960	固定、移动、广播
	942～960	固定、广播				

注：Ⅰ区——欧洲、非洲、土耳其、阿拉伯半岛、蒙古和苏联亚洲部分。

Ⅱ区——南、北美洲。

Ⅲ区——亚洲（土耳其、阿拉伯半岛、蒙古和苏联亚洲部分除外）和大洋洲。

说明：1979年国际电信联盟在日内瓦召开世界无线电行政大会，修改了国际《无线电规则》，自1982年1月1日起生效。新规则关于国际广播频率划分部分的修改如下。

1）中波广播段

自525～1605kHz上移1.5kHz，成为526.5～1606.5kHz。东南亚五国和澳、

新两国的中波广播又扩展了1606.5～1705kHz一段，作为次要业务。

2）短波广播段

9MHz频段由9500～9775kHz扩展为9500～9900kHz。

11MHz频段由11700～11975kHz扩展为11650～12050kHz。

15MHz频段由15100～15450kHz扩展为15100～15600kHz。

17MHz频段由17700～17900kHz扩展为17550～17900kHz。

21MHz频段由21450～21750kHz扩展为21450～21850kHz。

新增13MHz频段——13600～13800kHz。

26MHz频段由25600～26100kHz压缩到25670～26100kHz。

3）米波/分米波广播段

我国米波段第1～12电视频道（48.5～72.5MHz、76～92MHz和167～223MHz），调频广播频段（88～108MHz），以及分米波电视频道（470～566MHz和606～958MHz），均已列入新的国际频率划分表中，作为主要业务。只有第六频道（168～175MHz段）须与第Ⅲ区可能受影响的邻国取得协议。

此外，有关620～790MHz卫星电视广播的条款无实质性修改（但应与有可能受到影响的有关国家取得协议）。2.5GHz卫星广播频段（2500～2690kHz）在第Ⅲ区未作修改。

4）厘米波/毫米波广播段

厘米波广播段在12GHz的卫星广播频段，第Ⅲ区除11.7～12.2GHz频段外，在12.5～12.75GHz增加卫星广播频段，用于集体接收与卫星相关的固定业务等。

此外，划定14.5～14.8GHz和17.3～18.1GHz作为第Ⅲ区卫星广播上行线用的频段。而14～14.5GHz频段也是可用频段，但须与其他卫星固定业务网路协调。

毫米波广播段将原41～43GHz卫星广播频段改为40.5～42.5GHz，以保护射电天文业务。另划定47.2～49.2GHz作为卫星广播的上行线用。

原22.5～23GHz和84～86GHz卫星广播频段未变。

表4－4所示为部分国家及地区电视频道与频段划分和接收机中频。

表 4-4　部分国家及地区电视频道与频段划分和接收机中频表　单位：MHz

国家及地区	VHF 米波频道		UHF 分米波频道		接收机中频		
	Ⅰ波段	Ⅲ波段	Ⅳ波段	Ⅴ波段	图像中频	伴音中频	第二伴音中频
中国	48.5～72.5 76～92	167～223	470～566	606～958	38	31.5	6.5
日本	90～108	170～222	470～584	584～770	58.75	54.25	4.5
苏联	48.5～56.5 58～66 76～100	174～230	470～582	582～790	38	31.5	6.5
美国	54～72 76～88	174～216	470～584	584～890	45.75	41.25	4.5
英国	41.25～46.25 48～68	176～221	470～582	614～854	VHF 34.65 UHF 39.5	VHF 38.15 UHF 33.5	VHF 3.5 UHF 6.0
法国	41～54.15 54.15～67.3	162～214.6	470～582	582～830	VHF 28.05 UHF 39.2	VHF 38.2 UHF 32.7	VHF10.15 UHF6.5
联邦德国	47～54 54～68	174～280	470～582	582～790	38.9	33.4	5.5
中国香港			470～582	614～790	39.5	33.5	6.0

极低频短波通信频率功能的划分如下。

极低频短波通信实际使用的频率范围为 1.6～30 MHz。

1600～1800 kHz：主要是灯塔和导航信号，用来发出渔船和海上油井勘探的定位信号。

1800～2000 kHz：160m 的业余无线电波段，在秋、冬季节的夜晚有最好的接收效果。

2000～2300 kHz：此波段用于海事通信，其中 2182 kHz 保留为紧急救难频率。

2300～2498 kHz：120m 的广播波段。

2498～2850 kHz：此波段有很多海事电台。

2850～3150 kHz：主要是航空电台使用。

3150～3200 kHz：分配给固定台。

3200～3400 kHz：90m 的广播波段，主要是一些热带地区的电台使用。

3400～3500 kHz：用于航空通信。

3500～4000 kHz：80m的业余无线电波段。

4000～4063 kHz：固定电台波段。

4063～4438 kHz：用于海事通信。

4438～4650 kHz：用于固定台和移动台的通信。

4750～4995 kHz：60m的广播波段，主要由热带地区的一些电台使用。最好的接收时间是秋、冬季节的傍晚和夜晚。

4995～5005 kHz：有国际性的标准时间频率发播台，可在5000 kHz听到。

5005～5450 kHz：此频段非常混乱，低端有些广播电台，还有固定台和移动台。

5450～5730 kHz：航空波段。

5730～5950 kHz：此波段被某些固定台占用，这里也可以找到几个广播电台。

5950～6200 kHz：49m的广播波段。

6200～6525 kHz：非常拥挤的海事通信波段。

6525～6765 kHz：航空通信波段。

6765～7000 kHz：由固定台使用。

7000～7300 kHz：全世界的业余无线电波段，偶尔有些广播也会在这里出现。

7300～8195 kHz：主要由固定台使用，也有些广播电台在这里播音。

8195～8815 kHz：海事通信频段。

8815～9040 kHz：航空通信波段，还可以听到一些航空气象预报电台。

9040～9500 kHz：固定电台使用，也有些国际广播电台的信号。

9500～9900 kHz：31m的国际广播波段。

9900～9995 kHz：有些国际广播电台和固定台使用。

9995～10005 kHz：标准时间标准频率发播台，可在10000 kHz听到。

10005～10100 kHz：用于航空通信。

10100～10150 kHz：30m的业余无线电波段。

10150～11175 kHz：固定台使用这个频段。

11175～11400 kHz：用于航空通信。

11400～11650 kHz：主要是固定电台使用，但是也有些国际广播电台的信号。

11650 ~ 11975 kHz：25m 的国际广播波段，整天可以听到有电台播音。

11975 ~ 12330 kHz：主要是由一些固定电台使用，但是也有些国际广播电台的信号。

12330 ~ 13200 kHz：繁忙的海事通信波段。

13200 ~ 13360 kHz：航空通信波段。

13360 ~ 13600 kHz：主要是由一些固定电台使用。

13600 ~ 13800 kHz：22m 的国际广播波段。

13800 ~ 14000 kHz：由固定台使用。

14000 ~ 14350 kHz：20m 的业余无线电波段。

14350 ~ 14490 kHz：主要是由一些固定电台使用。

14990 ~ 15010 kHz：标准时间标准频率发播台，可在 15000 kHz 听到。

15010 ~ 15100 kHz：用于航空通信，也可以找到一些国际广播电台。

15100 ~ 15600 kHz：19m 的国际广播波段，整天可以听到有电台播音。

15600 ~ 16460 kHz：主要是由固定电台使用。

16460 ~ 17360 kHz：由海事电台和固定电台共享。

17360 ~ 17550 kHz：由航空电台和固定电台共享。

17550 ~ 17900 kHz：16m 的国际广播波段，最佳的接收时间是在白天。

17900 ~ 18030 kHz：用于航空通信。

18030 ~ 18068 kHz：主要是由固定电台使用。

18068 ~ 18168 kHz：17m 的业余无线电波段。

18168 ~ 19990 kHz：用于固定电台，也可以找到一些海事电台。

19990 ~ 20010 kHz：标准时间标准频率发播台，可在 20000 kHz 听到，接收的最佳时间在白天。

20010 ~ 21000 kHz：主要用于固定台，也有些航空电台。

21000 ~ 21450 kHz：15m 的业余无线电波段。

21450 ~ 21850 kHz：13m 的国际广播波段，最佳的接收时间在白天。

21850 ~ 22000 kHz：由航空电台和固定电台共享。

22000 ~ 22855 kHz：主要是由一些海事电台使用。

22855 ~ 23200 kHz：主要是由一些固定电台使用。

23200 ~ 23350 kHz：由航空台使用。

23350 ~ 24890 kHz：主要是由一些固定电台使用。

24890 ~ 24990 kHz：15m 的业余无线电波段。

24990 ~ 25010 kHz：用于标准时间标准频率发播台，目前还没有电台在这个频段上操作。

25010 ~ 25550 kHz：用于固定、移动、海事电台。

25550 ~ 25670 kHz：此频段保留给天文广播，目前还没有电台。

25670 ~ 26100 kHz：13m 的国际广播波段。

26100 ~ 28000 kHz：用于固定、移动、海事电台。

28000 ~ 29700 kHz：10m 的业余无线电波段。

29700 ~ 30000 kHz：固定和移动台使用此波段。

无线电波波段划分见表 4 -5 和图 4 -35。

表 4 -5　无线电波波段划分

波段名称		波长范围/m	频段名称	频率范围
超长波		1000000 ~ 10000	甚低频	3 ~ 30kHz
长波		10000 ~ 1000	低频	30 ~ 300kHz
中波		1000 ~ 100	中频	300 ~ 3000kHz
短波		100 ~ 10	高频	3 ~ 30MHz
超短波	米波	10 ~ 1	甚高频	30 ~ 300MHz
	分米波	1 ~ 0. 1	特高频	300 ~ 3000MHz
	厘米波	0. 1 ~ 0. 01	超高频	3 ~ 30GHz
	毫米波	0. 01 ~ 0. 001	极高频	30 ~ 300GHz

波段 1：47 ~ 68MHz。

波段 2：87. 5 ~ 108MHz。

波段 3：174 ~ 230MHz。

波段 4：470 ~ 790MHz。

L 波段：1425 ~ 1492MHz。

S 波段：2300 ~ 2600MHz。

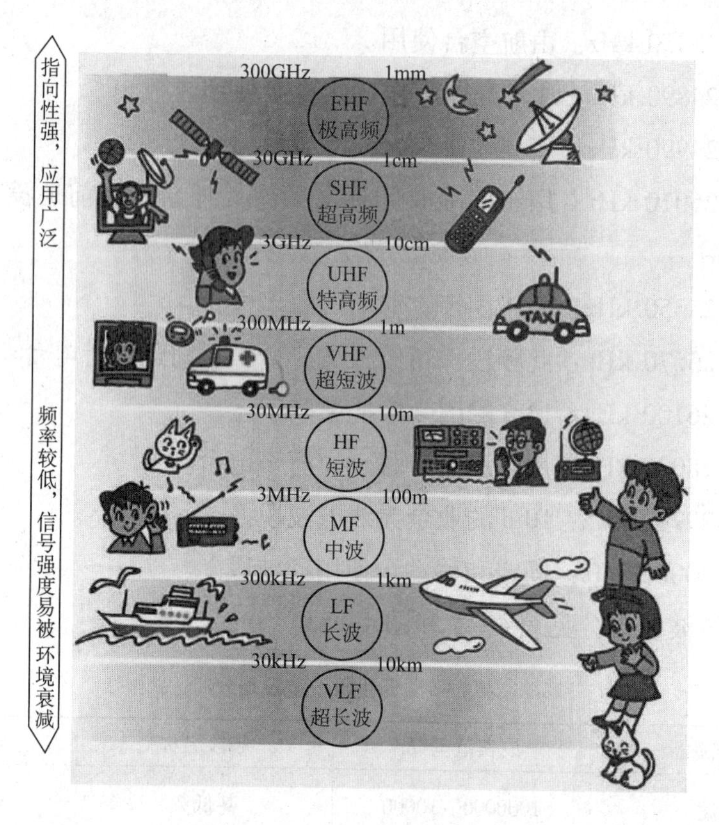

图4-35 无线电波波段划分

4.5.2 中国无线频谱划分

1. GSM900/1800 双频段数字蜂窝移动台

1）核准频率范围

Tx：885～915MHz/1710～1785MHz。

Rx：930～960MHz/1805～1880MHz。

2）说明

1800MHz 移动台传导杂散发射值。

1.710～1.755GHz≤-36dBm。

1.755～12.75GHz≤-30dBm。

2. GSM900/1800 双频段数字蜂窝基站

1）核准频率范围

Tx：930～960MHz/1805～1880MHz。

Rx：885～915MHz/1710～1785MHz。

2）说明

1800MHz基站传导杂散发射限值。

1805～1850MHz≤－36dBm/30/100kHz。

1852～1855MHz≤－30dBm/30kHz。

1855～1860MHz≤－30dBm/100kHz。

1860～1870MHz≤－30dBm/300kHz。

1870～1880MHz≤－30dBm/1MHz。

1880～12.75GHz≤－30dBm/3MHz。

1710～1755MHz≤－98dBm/100kHz。

3. GSM直放机

1）核准频率范围

下行：930～960MHz/1805～1880MHz。

上行：885～915MHz/1710～1785MHz。

2）说明

上行：885～909MHz、909～915MHz。

下行：930～954MHz、954～960MHz分别测试。

其带外也是分别指885～909MHz、909～915MHz、930～954MHz、954～960MHz的带外。

4. 800MHz CDMA数字蜂窝移动台

核准频率范围如下。

Tx：825～835MHz。

Rx：870～880MHz。

5. 800MHz CDMA数字蜂窝基站

1）核准频率范围

Tx：870～880MHz。

Rx：825～835MHz。

2）说明

关于800MHz频段CDMA系统基站在带外各频段杂散发射的核准限值见表4－6。

表 4 -6　基站在带外各频段杂散发射的核准限值

频率范围	测试带宽	极限值	检波方式
9 ~ 150kHz	1kHz	-36dBm	峰值
150kHz ~ 30MHz	10kHz	-36dBm	峰值
30MHz ~ 1GHz	100kHz	-36dBm	峰值
1 ~ 12. 75GHz	1MHz	-36dBm	峰值
806 ~ 821MHz	100kHz	-67dBm	有效值
885 ~ 915MHz	100kHz	-67dBm	有效值
930 ~ 960MHz	100kHz	-47dBm	峰值
1. 7 ~ 1. 92GHz	100kHz	-47dBm	峰值
3. 4 ~ 3. 53GIIz	100kHz	-47dBm	峰值

发射工作频带两边各加上 1MHz 过渡带内的噪声电平 100kHz、-22dBm 有效值。

6. 800MHz CDMA 直放机

1）核准频率范围

上行：825 ~ 835MHz。

下行：870 ~ 880MHz。

2）说明

800MHz 频段 CDMA 系统直放机在带外各频段杂散发射的核准限值见表 4 -7。

表 4 -7　直放机在带外各频段杂散发射的核准限值

频率范围	测试带宽	极限值	检波方式
9 ~ 150kHz	1kHz	-36dBm	峰值
150kHz ~ 30MHz	10kHz	-36dBm	峰值
30MHz ~ 1GHz	100kHz	-36dBm	峰值
1 ~ 12. 75GHz	1MHz	-30dBm	峰值
806 ~ 821MHz	100kHz	-67dBm	有效值
885 ~ 915MHz	100kHz	-67dBm	有效值
930 ~ 960MHz	100kHz	-47dBm	峰值
1. 7 ~ 1. 92GHz	100kHz	-47dBm	峰值
3. 4 ~ 3. 53GHz	100kHz	-47dBm	峰值

发射工作频带两边各加上1MHz过渡带内的噪声电平100kHz、－22dBm有效值。

7. 调频收发信机

调频收发信机使用的频率范围为31～35MHz、138～167MHz、351～358MHz、358～361MHz、361～368MHz、372～379MHz、379～382MHz 382～389MHz、403～420MHz、450～470MHz。

8. 无线寻呼发射机

核准频率范围为138～167MHz、279～281MHz。

9. 模拟集群基站和移动台

核准频率范围如下。

移动台：351～358MHz、372～379MHz、806～821MHz。

基站：361～368MHz、382～389MHz、851～866MHz。

10. 数字集群基站和移动台

1）核准频率范围

TX：851～866MHz。

RX：806～821MHz。

移动台：TX 806～821MHz；RX 851～866MHz。

2）说明

数字集群包括TETRA和iDEN两种体制。

数字集群基站及移动台在测试时要由生产厂商提供专门的测试软件来配合测试，控制被测设备进入测试状态。如不能提供测试软件，要提供被测设备的控制代码以进行测试。

11. 点对点扩频通信设备

1）核准频率范围

核准频率范围为336～344MHz、2.4～2.4835GHz、5.725～5.850GHz。

2）说明

需提供天线方向图和天线增益。

12. LMDS宽带无线接入通信设备

1）核准频率范围

上行：25.757～26.765GHz。

下行：24.507～25.515GHz。

2）说明

中心站与外围站按两个型号进行测试，需分别提供样品。

13. 3.5GHz 无线接入通信设备

1）核准频率范围

上行：3400～3430MHz。

下行：3500～3530MHz。

2）说明

中心站与外围站按两个型号进行测试，需分别提供样品。

14. 2.4GHz 短距离微功率设备

核准频率范围为2.4～2.4835GHz。

15. 数传电台

核准频率范围为223.025MHz～235.000MHz、821MHz～870MHz。

16. 数字微波接力通信机

1）核准频率范围

1.5GHz 频段：1427～1525MHz。

4.0GHz 频段：3600～4200MHz。

5.0GHz 频段：4400～5000MHz。

6.0GHz 频段：5925～6425MHz（L）、6425～7110MHz（U）。

7.0GHz 频段：7125～7425MHz（L）、7425～7725MHz（U）。

8.0GHz 频段：7725～8275MHz（L）、8275～8500MHz（M）。

11.0GHz 频段：10700～11700MHz。

13.0GHz 频段：12750～13250MHz。

14.0GHz 频段：14249～14501MHz。

15.0GHz 频段：14500～15350MHz。

18.0GHz 频段：17700～19700MHz。

23.0GHz 频段：21200～23600MHz。

2）说明

1～30GHz 申请微波接力设备的频段范围、信道划分、设备容量及射频波道分配设备时要注明其调制方式、工作频段、输出功率、设备容量等信息。

17. PHS 无线接入系统

1）核准频率范围

核准频率范围为 1900～1915MHz。

2）说明

（1）1～30GHz 微波接力设备的频段范围、信道划分、设备容量及射频波道分配。

（2）申请设备时要注明其调制方式、工作频段、输出功率、设备容量等信息。

18. PHS 无线接入系统（包括基站、手机及中继站等设备）

在测试时一定要设置为测试模式。

19. DECT 无线接入系统

核准频率范围为 1905～1920MHz。

20. 无绳电话机

核准频率范围如下。

模拟无绳电话：45～45.475MHz/48～48.475MHz。

数字无绳电话：1915～1920MHz、2.4～2.4835GHz。

21. 海事卫星地球站

核准频率范围如下。

TX：1626.5～1646.5MHz。

RX：1525.0～1545.0MHz。

22. 短波单边带设备

核准频率范围为 1.6～29.999MHz。

23. 调频广播发射机

核准频率范围为 87～108MHz。

24. 中波调幅广播设备

核准频率范围为 535～1606.5kHz。

25. 电视发射设备

VHF 频段：48.5～72.5MHz、76～84MHz、167～223MHz。

UHF 频段：470～566MHz、606～806MHz。

26. 多路微波分配系统

核准频率范围为2535～2599MHz。

4.5.3 运营商无线频谱划分

运营商无线频谱划分见表4－8、表4－9。

表4－8 运营商无线频谱划分

<table>
<tr><th>运营商</th><th>制式</th><th>上行/MHz</th><th>下行/MHz</th></tr>
<tr><td rowspan="5">中国移动</td><td>GSM</td><td>890～909</td><td>935～954</td></tr>
<tr><td>EGSM</td><td>885～890</td><td>930～935</td></tr>
<tr><td>DCS1800</td><td>1710～1725</td><td>1805～1820</td></tr>
<tr><td>TD－SCDMA</td><td>1880～1900</td><td>2010～2025</td></tr>
<tr><td>TD－LTE</td><td colspan="2">2300～2400</td></tr>
<tr><td rowspan="3">中国联通</td><td>GSM</td><td>909～915</td><td>954～960</td></tr>
<tr><td>DCS1800</td><td>1740～1755</td><td>1835～1850</td></tr>
<tr><td>WCDMA</td><td>1940～1955</td><td>2130～2145</td></tr>
<tr><td rowspan="2">中国电信</td><td>CDMA</td><td>825～835</td><td>870～880</td></tr>
<tr><td>CDMA2000</td><td>1920～1935</td><td>2110～2125</td></tr>
<tr><td>无线宽带</td><td>WLAN</td><td>2400～2483.5</td><td></td></tr>
<tr><td>小灵通频段</td><td></td><td>1900～1920MH</td><td></td></tr>
</table>

表4－9 我国LTE频谱划分

类别	范围/MHz	数量/MHz	使用
F 频段	1880～1900	20	室内、室外
A 频段	2010～2025	15	室内、室外
E 频段	2320～2370	50	室内
D 频段	2500～2690	190	室内、室外
LTE 可能频段	2300～2400	50	室内
	450～470	20	室外

目前工信部颁发的是 TDD - LTE 牌照，移动公司获得 130MHz 频谱资源，分别为 1880 ~ 1900MHz、2320 ~ 2370MHz、2575 ~ 2635MHz（估计是因为想让移动公司主推 TDD - LTE，同时移动公司的用户数也最多，所以才给这么多）；电信公司获得 40MHz 频谱资源，分别为 2370 ~ 2390MHz、2635 ~ 2655MHz；联通公司也获得 40MHz 的频谱资源，分别为 2300 ~ 2320MHz、2555 ~ 2575MHz。FDD - LTE 牌照未发放，据反映是电信公司可能获得 1800MHz 频段上的 FDD 频谱，而联通公司则获得 2.1GHz 频段上的频谱。

前不久，国家无线电监测中心与全球移动通信系统协会（GSMA）共同发布了关于未来宽带移动通信与频谱高效利用的合作研究报告。报告显示，我国下一代移动网络将继续以 6GHz 以下相关频谱为主，包括现有 2G/3G 频谱的重耕、在《中华人民共和国无线电频率划分规定》中通过脚注标记给移动通信系统的频谱，如 3400 ~ 3600MHz 以及 WRC - 15 上为移动通信系统新划分/规划的频谱，目前中国支持的主要有 3 段，即 3300 ~ 3400MHz、4400 ~ 4500MHz、4800 ~ 4990MHz。在此基础上，下一代移动网络还将可能使用 6GHz 以上的频谱资源，目前主要面向 6 ~ 100GHz。结合中国的频率划分、规划、分配和使用情况，报告在 6 ~ 100GHz 内提出了 10 余段值得研究的频率。

4.6 无线通信工作岗位

4.6.1 无线网络优化工程师

1. 岗位职责

（1）主要从事无线网络的网络规划及无线通信网络优化的管理工作。

（2）对无线网络环境进行测试。

（3）对无线网络数据进行采集与分析。

（4）根据分析结果，提出网络解决及优化方案。

（5）进行网络日常优化、处理日常投诉等。

2. 岗位要求

（1）掌握 GSM、TD - SCDMA、WCDMA、LTE、FDLER 等相关网络设备的

知识及原理，掌握相关网络设备的主要接口和信令流程。

（2）掌握位置更新登记、小区选择、小区重选、系统广播等参数对终端的控制、终端状态转换、切换测量和报告、切换判决等过程机制。

（3）熟悉网络测试评估规范、测试方法、测试流程和操作技巧，精通测试数据分析。

（4）了解相关网络设备知识，能通过网络管理平台进行统计数据分析、无线参数调谐和 OMC 操作，并对遇到的一般问题都能够提交分析报告和解决方案。

（5）熟悉常用网络优化工具的使用方法和技巧。

（6）能针对相关 KPI 指标进行优化。

3. 岗位晋升

助理工程师—初级网络优化工程师—中级网络优化工程师—高级网络优化工程师—项目经理。

图 4－36 所示为网络优化工程师在现场工作。

图 4－36　网络优化工程师在现场工作

4.6.2　工程督导

1. 岗位职责

（1）负责移动通信工程督导，包括施工工艺和工程材料质量等。

（2）通信设备开通、测试、验收工作等。

（3）负责所督导工程的资料收集制作等。

（4）把控工程进度、工程质量，是工程现场的第一责任人。

（5）负责施工期间与建设单位、施工单位的沟通协调。

2. 岗位要求

（1）具有通信、计算机、电子等相关专业专科及以上学历者（本职位可招非相关专业的优秀应届毕业生及实习生）。

（2）了解 LTE/GSM/TD－SCDMA/WCDMA 移动通信原理。

（3）有责任心，具有较好的技术交流、沟通、组织表达能力以及良好的团队合作精神。

3. 岗位晋升

工程督导—工程片区负责人—工程经理—项目经理。

图 4－37 所示为通信工程督导在现场工作。

图 4－37　通信工程督导在现场工作

4.6.3　无线设计工程师

1. 岗位职责

主要从事通信行业的 GSM、EDGE、WCDMA、CDMA、TD－SCDMA、LTE、WLAN 及宏站、室分系统的无线接入网络的咨询、规划、勘察与设计工作。

2. 岗位要求

（1）通信工程、计算机、电子信息及相关专业专科以上学历。

（2）爱好通信、计算机网络技术，有较强的学习能力。

（3）有较强的沟通能力、良好的团队合作精神，工作态度认真，执行力强。

（4）掌握 Office 和 AutoCAD 软件；有较强的计算机应用能力。

3. 岗位晋升

无线设计助理工程师—无线设计工程师—片区设计经理—项目经理。

图 4－38 所示为无线设计工程师在现场工作。

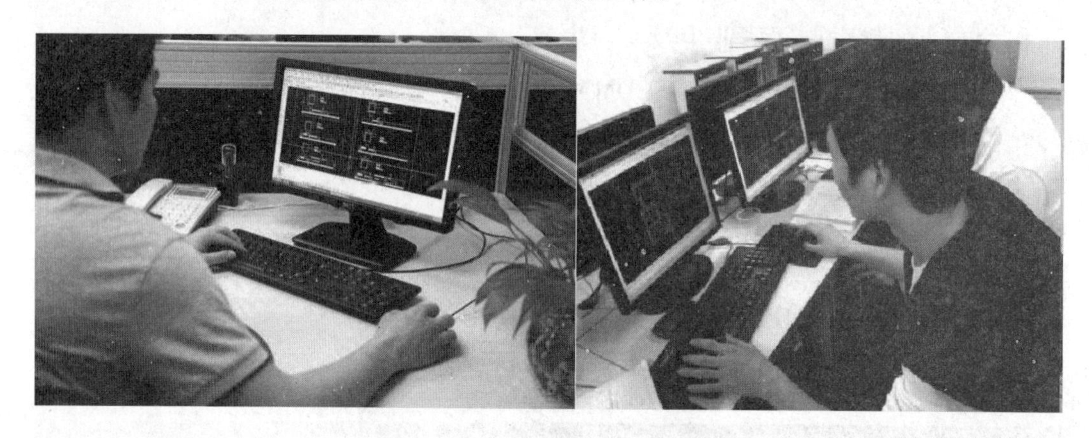

图 4－38　无线设计工程师在现场工作

4.6.4　无线通信工程师

1. 岗位描述

通信工程师是指能在通信领域中从事研究、设计、制造、运营及在国民经济各部门和国防工业中从事开发、应用通信技术与设备的高级工程技术人才。

2. 岗位职责

（1）负责移动通信设备的安装、调试工作。

（2）负责移动通信设备的技术支持和故障设备的维修、维护工作。

（3）负责本地网语音交换机、智能网平台的维护工作。

（4）负责指导监控，进行业务开通测试。

4.6.5　通信技术支持工程师

技术支持工程师的主要工作内容是在软件或者硬件方向从事售前、售后技术，包括维护、应用培训、升级管理、解决投诉、提升客户满意度等，不断增加用户对自有品牌的良好口碑。

（1）主要负责安装一些现场的设备，并进行调测等工作。

（2）接收和协助解决客户遇到的各类现场技术问题，及时、准确地把现场信息反馈给销售和研发部门。

（3）负责发货设备、软件配置清单的制作。

（4）负责方案建议书中技术方案部分的编制。

（5）支持市场和销售，为客户和工程人员提供相关培训。

（6）负责销售工作中技术简报的制作。

（7）根据上级主管要求，协助市场部实施所负责销售范围内的广告宣传及其他市场活动。

（8）为销售管理部门提供市场竞争信息。

（9）快捷、准确并按技术支持经理需求，提供所有报告、数据，如周工作计划/报告等。

4.6.6　售前技术工程师

（1）项目售前技术支持，包括客户沟通、技术交流、需求引导、方案制作、方案论证、标书制作、讲标。

（2）配合销售与现有客户以及潜在客户保持经常性的联系与沟通，传递公司价值，维护和增进客户关系。

（3）对集成商合作伙伴进行技术交流与培训，提供项目的技术支持，保持经常性的联系与沟通。

（4）捕捉客户需求，把握行业应用趋势，关注市场竞争动态，积极反馈有价值信息。

4.6.7　工程监理工程师

1. 岗位描述

从事通信建设工程监理、项目管理以及项目咨询、工程经济以及技术咨询、工程招标和采购咨询，尤其可以为通信建设单位提供高智能、高技术含量的工程项目监理咨询服务的高级技术应用型专门人才。

2. 岗位职责

（1）负责对所属部门监理员工作的监督、考核；及时向所属部门经理汇报地区监理工作情况。

（2）负责对所属分部监理合同的制作和发送；负责对整个所属分部的技术给予指导支撑。

（3）负责协助部门经理对所属分部监理员进行培训，并对业绩进行考核。

（4）负责对所属分部工程周报资料进行整理和汇总。

（5）负责对所属分部客户发送工程简报和工程建设动态资料。

（6）负责对区域负责人上报的工程完工竣工资料的复核。

（7）负责对所属分部所监理工程的质量、安全生产检查。

讨论环节：未来想从事哪种无线方面的工作？

1. 目前国内的主流4G技术有哪些？

2. 国内三大运营商采用的4G技术分别使用了哪个频段？分别使用了多少兆赫兹的频谱资源？

3. 简述目前无线通信系统中使用的主要关键技术。

4. 5G时代到来的时候，你认为可以实现什么现在不能实现的移动通信功能？

[1] 许圳彬，王田甜．GSM移动通信技术［M］．北京：人民邮电出版社，2015.

[2] 丁奇．大话无线通信［M］．北京：人民邮电出版社，2014.

5.1 微波发展简史

微波的发展是与无线通信的发展分不开的。1901 年马克尼使用 800kHz 中波信号进行了从英国到北美纽芬兰的世界上第一次横跨大西洋的无线电波的通信试验，开创了人类无线通信的新纪元。无线通信初期，人们使用长波及中波进行通信。20 世纪 20 年代初人们发现了短波通信，直到 20 世纪 60 年代卫星通信的兴起，短波通信一直是国际远距离通信的主要手段，并且对目前的应急和军事通信仍然很重要。

用于空间传输的电波是一种电磁波，其传播的速度等于光速。无线电波可以按照频率或波长来分类和命名。通常把频率高于 300MHz 的电磁波称为微波。由于各波段的传播特性各异，因此，可以用于不同的通信系统。例如，中波主要沿地面传播，绕射能力强，适用于广播和海上通信。短波具有较强的电离层反射能力，适用于环球通信。超短波和微波的绕射能力较差，可作为视距或超视距中继通信。

微波通信是 20 世纪 50 年代的产物。由于其通信的容量大而投资费用省(约占电缆投资的 1/5)、建设速度快、抗灾能力强等优点而取得迅速的发展(图 5 - 1)。20 世纪 40—50 年代产生了传输频带较宽、性能较稳定的微波通信，成为长距离、大容量地面干线无线传输的主要手段，模拟调频传输容量高达 2700 路，也可同时传输高质量的彩色电视，而后逐步进入中容量乃至大容量数字微波传输。20 世纪 80 年代中期以来，随着频率选择性色散衰落对数字微波传输中断影响的发现以及一系列自适应衰落对抗技术与高状态调制与检测技术的发展，使数字微波传输产生了一个革命性的变化。特别应该指出的是，20 世纪 80—90 年代发展起来的一整套高速多状态的自适应编码调制解调技术与信号处理及信号检测技术的迅速发展，对现今的卫星通信、移动通信、全数字 HDTV 传输、通用高速有线/无线的接入乃至高质量的磁性记录等诸多领域的信号设计和信号的处理应用，起到了重要的作用。

图 5 - 1　微波的发展历史

国外发达国家的微波中继通信在长途通信网中所占的比例高达 50% 以上。据统计，美国为 66%、日本为 50%、法国为 54%。我国自 1956 年从原东德引进第一套微波通信设备以来，经过仿制和自发研制过程，已经取得了很大的成就，在 1976 年的唐山大地震中，在京津之间的同轴电缆全部断裂的情况下，6 个微波通道全部安然无恙。20 世纪 90 年代的长江中下游的特大洪灾中，微波通信又一次显示了它的巨大威力。在当今世界的通信革命中，微波通信仍是最有发展前景的通信手段之一。

卫星通信方面，从1945年克拉克提出3颗对地球同步的卫星可覆盖全球的设想以来，卫星通信真正成为现实经历了20年左右的时间。先是诸多低轨卫星的试验，而1957年10月4日苏联成功发射的世界上第一颗距地球高度约1600km的人造地球卫星，实现了对地球的通信，这是卫星通信历史上的一个重要里程碑；1965年4月6日发射的“晨鸟”（Early Bird）号静止卫星标志着卫星通信真正进入了实际商用阶段，并纳入了世界上最大的商业卫星组织（INTELSAT）的第一代卫星系统IS－I。GEO商用卫星通信以INTELSAT卫星系统为典型，从1965年的IS－I以来，至今正式商用的卫星系统历经8代12种，研制的第9代卫星系统IS－IX已于2001年发射。

移动通信的发展至今大约经历了5个阶段：第一阶段为20世纪20年代初到50年代末，主要用于船舰及军用，采用短波频段及电子管技术，至该阶段末期才出现150MHz的单工汽车公用移动电话系统MTS；第二阶段为20世纪50年代到60年代，此时频段扩展到UHF的450MHz，器件技术已经向半导体过渡，大都为移动环境中的专用系统，并解决了移动电话与公用电话的接续问题；第三阶段为20世纪70年代初到80年代，此时频段已经扩展到800MHz，美国进行了AMPS试验；第四阶段为20世纪80年代到90年代中期，第二代数字移动通信兴起并且大规模发展，并逐步向个人通信发展。出现了D－AMPS、TACS、ETACS、GSM/DCS、CDMAOne、PDC、PHS、DECTPACS、PCS等各类系统，频段扩至900～1800MHz，而且除了公众移动电话系统以外，无线寻呼系统、无绳电话系统、集群系统等各类移动通信手段适应用户与市场需求同时兴起；第五阶段为20世纪90年代中期到现在，随着数据通信与多媒体的业务需求的发展，适应移动数据、移动计算机及移动多媒体的第三代移动通信开始兴起，CDMA2000、WCDMA、LAS－CDMA等相应的标准应运而生，无线通信技术前景一片光明。

近10年来，国内信息网络的发展对通信基础设施提出了越来越高的要求。各种网络接入技术越来越受人们的重视。网络接入大致可分为网络接入和单机接入两类。许多技术如DDN、xDSL、56K、ISDN、微波、帧中继、卫星通信等都成为人们的关注对象。迄今为止，尽管中国电信基础建设取得了极大的发展，但是仍无法满足网络迅速发展的迫切需要。因此，无线微波扩频通信以其建设快速、简便等优势成为建立广域网连接的另一重要方式，并在一些城市中（如北京）形成一定规模，是国内城市通信基础设施的有效补充，引起了很多网络建设单位的兴趣。微波扩频通信目前在国内的重要应用领域之一是企事业单位组建 Intranet 并接入 ISP。一般接入速率为 64kb/s ~ 2Mb/s，使用频段为 2.4 ~ 2.4835GHz，该频段属于工业自由辐射频段，也是国内目前唯一不需要无委会批准的自由频段。

1. 无线电波的传播特性

无线电波从发射天线到接收天线具有多种传输方式。主要有自由空间波、对流层反射波、电离层波和地波。

（1）表面波传播：是指电波沿着地球表面到达接收点的传播方式，如图 5－2 中 1 所示。电波在地球表面上传播，以绕射方式可以到达视线范围以外。地面对表面波有吸收作用，吸收的强弱与带电波的频率、地面的性质等因素有关。

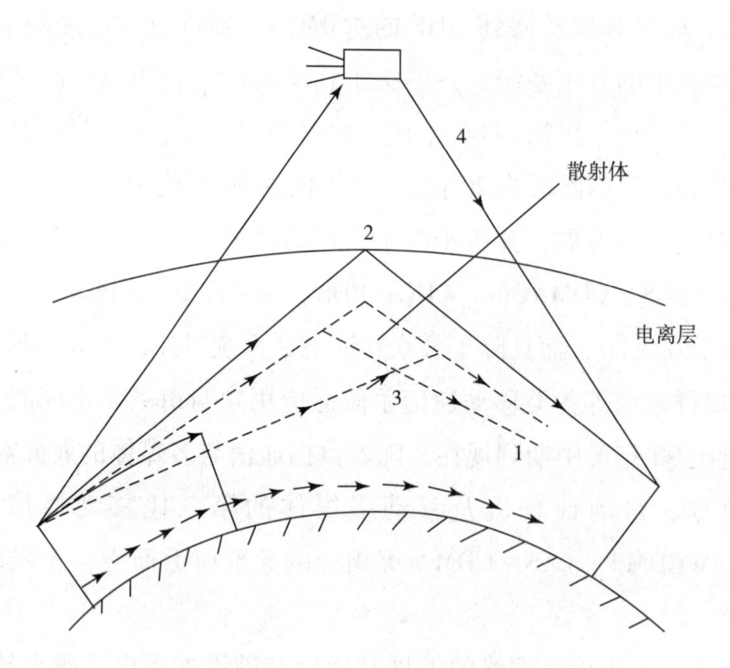

图 5－2　无线电波的传播特性

（2）天波传播：是指自发射天线发出的电磁波，在高空被电离层反射回来到达接收点的传播方式。如图 5－2 中 2 所示。电离层对电磁波除了具有反射作用以外，还有吸收能量与引起信号畸变等作用。其作用的强弱与电磁波的频率和电离层的变化有关。

（3）散射传播：是指利用大气层对流层和电离层的不均匀性来散射电波，使电波到达视线以外的地方，如图5－2中3所示。对流层在地球上方约16km处，是异类介质，反射指数随着高度的增加而减小。

（4）外层空间传播：是指无线电在对流层、电离层以外的外层空间中的传播方式，如图5－2中4所示。这种传播方式主要用于卫星或以星际为对象的通信中，以及用于空间飞行器的搜索、定位、跟踪等。自由空间波又称为直达波，沿直线传播，用于卫星和外部空间的通信以及陆地上的视距传播。视线距离通常为50km左右。

2. 微波通信与应用

微波是一种具有极高频率（通常为300MHz～300GHz）、波长很短、通常为1mm～1m的电磁波。在微波频段，由于频率很高，电波的绕射能力弱，所以信号的传输主要是利用微波在视线距离内的直线传播，又称为视距传播。这种传播方式，虽然与短波相比，具有传播较稳定、受外界干扰小等优点，但在电波的传播过程中，却难免受到地形、地物及气候状况的影响而引起反射、折射、散射和吸收现象，产生传播衰落和传播失真。

微波扩频通信技术的特点是利用伪随机码对输入信息进行扩展频谱编码处理，然后在某个载频进行调制以便传输，属于中程宽带通信方式。微波扩频通信技术来源于军事领域，主要开发目的是在电子战中对抗干扰。

微波扩频通信具有以下特点。

（1）建设无线微波扩频通信系统目前无须申请，带宽较高，建设周期短。

（2）一次性投资，建设简便，组网灵活，易于管理，设备可再次利用。

（3）相连单位距离不能太远，并且两点直线范围内不能有阻挡物。

（4）抗噪声和干扰能力强，具有极强的抗窄带瞄准式干扰能力，适应军事电子对抗。

（5）能与传统的调制方式共用频段。

（6）信息传输可靠性高。

（7）保密性强，伪随机噪声使得信号不易被发现而有利于防止窃听。

（8）多址复用，可以采用码分复用实现多址通信。

除了通信方面，微波在其他方面也大显身手。首推雷达，现代雷达大多数是微波雷达，利用微波工作的雷达可以使用尺寸较小的天线，以很窄的波束宽度以获得关于被测目标性质的更多信息。还有无线电辐射计、微波炉等。

在微波通信中，电磁波的单位是赫兹（Hz）。德国物理学家赫兹关于电磁波的实验，为微波技术的发展开拓了新的道路，构成了现代文明的骨架，后人为了纪念他，把频率的单位定为赫兹。通过下面的故事来了解这位伟大的物理学家。

赫兹是一个短命的物理学家。他1894年逝世时年仅37岁，这无疑是物理学界的巨大损失。他从21岁考入柏林大学直到不幸去世，进行科学研究不足15年，然而却建立了永垂青史的功绩。

赫兹以前，由法拉第发现、麦克斯韦完成的电磁理论，因为未经一系列的科学实验证明，始终处于“预想”阶段。把天才的预想变成世人公认的真理，是赫兹的功劳。赫兹在人类历史上首先捕捉到电磁波，使假说变成了现实。

要获得电磁波，就必须建立一个辐射电磁波源，这个电磁波辐射源还应当有足够的功率。名师出高徒，赫兹的恩师赫尔姆霍茨是一位理论和实验俱佳的卓越物理学家。在他的指导和帮助下，赫兹很快制成了电磁波辐射源，当时它被称为赫兹振荡器。

当实验设备基本备齐以后，赫兹投入了实验过程。这时，他作为卡尔斯鲁厄大学的年轻教授，每周需承担20多节课的教学任务，这使他只能从课余挤时间进行实验。

赫兹习惯性地首先检查谐振器，将谐振器放到高频振荡器有一定距离的地方，使谐振器的平面与振荡器上放电器的轴相吻合。实验开始，赫兹和技师卡尔立刻忙碌起来，过了一个多小时，火花还是没有迸发出来。当把各种可能发生的情况都进行检查后仍然毫无结果，他们疲惫不堪地坐在桌旁。

赫兹已经记不得这是第几次失败了。从一开始实验，他就像与成功无缘似的，麦克斯韦预言过，电磁振荡波一样可以折射、反射，具有波的一切属性。

在这个房间，他借助振荡器和谐振器已经证实了从电磁辐射源发出的电磁场，就是电磁波。可是，现在他想证明电磁波具有像光一样的反射性能，他打算把反射的电磁波记录下来，然而却一直没有成功。

冥思苦想，新的思路终于诞生了。经过调谐电磁辐射源的内部要素，加大每秒钟振荡的次数，赫兹终于证明了电磁波具有光一样的反射性能。在以后的工作中，赫兹悉心研究了电磁波的折射、干涉、偏振和衍射等现象，并且证明了它们的传播速度等于光速。赫兹第一个证实了光从其本质上说也是一种电磁波的问题。

1898 年，赫兹在应邀担任波恩大学物理学教授的赴任途中，欣闻自己的著作《论电力射线》已经出版，感到无限欣慰。

发现电磁波所产生的巨大影响，连赫兹本人也没料到。在他发现电磁波的第二年，有人问他，电磁波是否可以用作无线电通信，赫兹不敢肯定。赫兹研究电磁波无意中丢下的种子，却很快在异地开花结果了。

在发现电磁波不到 6 年，意大利的马可尼、俄国的波波夫分别实现了无线电传播，并很快投入使用。其他利用电磁波的技术，也雨后春笋般相继问世。无线电报（1894 年）、无线电广播（1906 年）、无线电导航（1911 年）、无线电话（1916 年）、短波通信（1921 年）、无线电传真（1923 年）、电视（1929 年）、微波通信（1933 年）、雷达（1935 年）以及遥控、遥感、卫星通信、射电天文学等，它们使整个世界的面貌发生了深刻的变化。

3. 我国的微波发展趋势

微波通信技术问世已有 80 多年，它是在微波频段通过地面视距进行信息传播的一种无线通信手段。最初的微波通信系统都是模拟制式的，它与当时的同轴电缆载波传输系统同为通信网长途传输干线的重要传输手段，如我国城市间的电视节目传输主要依靠的就是微波传输。20 世纪 70 年代起研制出了中小容量（如 8Mb/s、34Mb/s）的数字微波通信系统，这是通信技术由模拟向数字发展的必然结果。20 世纪 80 年代后期，随着同步数字系列（SDH）在传输系统中的推广应用，出现了 $N\times155$Mb/s 的 SDH 大容量数字微波通信系统。现在数字微波通信、光纤和卫星一起被称为现代通信传输的三大支柱。

随着技术的不断发展，除了在传统的传输领域外，数字微波技术在固定宽带接入领域也越来越引起人们的重视。工作在 28GHz 频段的 LMDS（本地多点分配业务）已在发达国家大量应用，预示数字微波技术仍将拥有良好的市场前景。

目前数字微波通信技术的主要发展方向有以下几个。

1）提高 QAM 调制级数及严格限带

为了提高频谱利用率，一般多采用多电平 QAM 调制技术，目前已达到 256/512QAM，很快就可实现 1024/2048QAM。与此同时，对信道滤波器的设计提出了极为严格的要求：在某些情况下，其余弦滚降系数应低至 0.1。现已可做到 0.2 左右。

2）网格编码调制及维特比检测技术

为降低系统误码率，必须采用复杂的纠错编码技术，但由此会导致频带利用率的下降。为了解决这个问题，可采用网格编码调制（TCM）技术。采用 TCM 技术需利用维特比算法解码。在高速数字信号传输中，应用这种解码算法难度较大。

3）自适应时域均衡技术

使用高性能、全数字化二维时域均衡技术减少码间干扰、正交干扰及多径衰落的影响。

4）多载波并联传输

多载波并联传输可显著降低发信码元的速率，减少传播色散的影响。运用双载波并联传输可使瞬断率降低到原来的 1/10。

5）其他技术

其他技术如多重空间分集接收、发信功放非线性预校正、自适应正交极化干扰消除电路等。

5.2 微波系统分类

根据通信方式和确定信道主要性质的传输介质的不同，微波通信可分为大气层视距地面微波通信、对流层超视距散射通信、穿过电离层和外层自由空间的卫星通信以及主要在自由空间中传播的空间通信。按基带信号形式的不同，微波通信可分为主要用于传输多路载波电话、载波电报、电视节目等的模拟微波通信，以及主要用于传输多路数字电话、高速数据、数字电视、电视会议和其他新型电信业务的数字微波通信。

1. 微波中继通信

利用微波视距传播以接力站的方式进行微波通信，称为微波中继通信。微波接力系统由两端的终端站及中间的若干接力站组成，为地面视距点对点通信。各站收发设备均衡配置，站距约50km，天线直径为1.5～4m，半功率角为3°～5°，发射机功率为1～10W，接收机噪声系数为3～10dB（相当噪声温度261～290K），必要时二重分集接收。模拟调频微波容量可达1800～2700路，数字多进制正交调幅微波容量可达144Mb/s。设备投资和施工费用较少，维护方便；工程施工与设备安装周期较短，利用车载式微波站可迅速抢修沟通电路。

2. 对流层散射通信

对流层散射通信是指利用对流层中介质的不均匀体的不连续界面对微波的散射作用实现的超视距无线通信。常用频段为0.2～5GHz，为地面超视距点对点通信。跨距数百千米，大型广告牌（抛物面）天线等效直径可达30～35m，射束半功率角为1°～2°，有孔径介质耦合损耗，发射机功率为5～50kW，四重分集接收，容量为数十话路至百余话路。对流层散射通信一般不受太阳活动及核爆炸的影响，可在山区、丘陵、沙漠、沼泽、海湾岛屿等地域建立通信电路。

3. 卫星通信

卫星通信是指地球站之间利用人造地球卫星上的转发器转发信号的无线电通信，为地—空视距多址通信系统，卫星中继站受能源和散热条件的限制，故地—空设备偏重配置。同步卫星系统，空间段单程大于3.6×10^4km，地面站天线直径为15～32m，增益为60dB，射束半功率角为0.1°～1°，需要自动跟踪，发射机功率为0.5～5kW。卫星中继站，下行全球波束用喇叭天线，点波束用抛物面天线，可借助波束分隔进行频率再用。转发器功率为数十瓦，带宽一般为36MHz，容量为5000～10000话路。卫星通信覆盖面广，时延长，信号易被截获、窃听甚至干扰。一种容量较小的可适用于稀路由的甚小天线地球站（VSAT）适用于数据通信。

4. 空间通信

空间通信是利用微波在星体（包括人造卫星、宇宙飞船等航天器）之间进行的通信。它包括地球站与航天器、航天器与航天器之间的通信以及地球站之间通过卫星间转发的卫星通信。地球站与航天器之间的通信分为近空通信与深空通信。在深空通信时，为了实现从高噪声背景中提取微弱信号，需采用特种编码和调制、相干接收和频带压缩等技术。

5. 微波移动通信

通信双方或一方处于运动中的微波通信，分陆上、海上及航空三类移动通信。陆上移动通信多使用150MHz、450MHz或900MHz的频段，并正向更高频段发展。陆上、海上及航空移动通信均可使用卫星通信。海事卫星可提供此种移动通信业务。低地球轨道（LEO）的轻卫星将广泛用于移动通信业务。

5.3 微波系统特征

1. 传播特点

微波通信中电波所涉及的介质有地球表面、地球大气（对流层、电离层和地磁场等）及星际空间等。按介质分布对传播的作用，可分为连续的（均匀的或不均匀的）介质体（如对流层、电离层等）、离散的散射体（如雨滴、冰雷、飞机及其他飞行物等）。微波通信中的电波传播，可分为视距传播及超视距传播两大类。

视距传播时，发射点和接收点双方都在无线电视线范围内，利用视距传播的有地面微波接力通信、卫星通信、空间通信及微波移动通信。其特点是信号沿直线或视线路径传播，信号的传播受自由空间的衰耗和介质信道参数的影响。例如，地—地传播的影响包括地面、地物对电波的绕射、反射和折射，特别是近地对流层对电波的折射、吸收和散射；大气层中水汽、凝结体和悬浮物对电波的吸收和散射。它们会引起信号幅度的衰落、多径时延、传波角的起伏和去极化（即交叉极化率的降低）等效应。在地—空和空—空视距传播中，主要考虑大气和大气层中沉降物的影响，而地面、地物和近地对流层对地—空、空—空传播的影响则比对地面视距传播的影响小，有时可以忽略不计。

对流层超视距前向散射传播，是利用对流层近地折射率梯度及介质的随机不连续性对入射无线电波的再辐射，将部分无线电波前向散射到超视距接收点的一种传播方式。前向散射衰耗很大，且衰落深度远大于地面视距微波通信，从而使可用频带受到限制，但站距则可远大于地面视距通信。

2. 微波系统主要特点

微波通信具有良好的抗灾性能，对水灾、风灾及地震等自然灾害，微波通信一般都不受影响。但微波经空中传送，易受干扰，在同一微波电路上不能使用相同频率于同一方向，因此微波电路必须在无线电管理部门的严格管理之下进行建设。此外，由于微波直线传播的特性，在电波波束方向上不能有高楼阻挡，因此城市规划部门要考虑城市空间微波通道的规划，使之不因高楼的阻隔而影响通信。

3. 微波系统特征

微波的基本性质通常呈现为穿透、反射、吸收 3 个特性。对于玻璃、塑料和瓷器，微波几乎是穿越而不被吸收。对于水和食物等就会吸收微波而使自身发热。金属类物质，则会反射微波。

1）穿透性

微波比其他用于辐射加热的电磁波，如红外线、远红外线等波长长。微波透入介质时，由于介质损耗引起介质温度的升高，使介质材料内部、外部几乎同时加热升温，形成体热源状态，大大缩短了常规加热中的热传导时间，且在条件为介质损耗因数与介质温度呈负相关关系时，物料内外加热均匀一致。

2）选择性加热

物质吸收微波的能力，主要由其介质损耗因数来决定。介质损耗因数大的物质对微波的吸收能力就强；相反，介质损耗因数小的物质吸收微波的能力就弱。由于各物质的损耗因数存在差异，微波加热就表现出选择性加热的特点。物质不同，产生的热效果也不同。水分子属极性分子，介电常数较大，其介质损耗因数也很大，对微波具有强吸收能力。蛋白质、碳水化合物等的介电常数相对较小，其对微波的吸收能力比水小得多。因此，对于食品来说，含水量的多少对微波加热效果影响很大。

3）热惯性小

微波对介质材料是瞬时加热升温，能耗也很低。另外，微波的输出功率随时可调，介质温升可无惰性地随之改变，不存在“余热”现象，极有利于自动控制和连续化生产的需要。

5.4 微波频带的划分

微波按波长不同可分为分米波、厘米波、毫米波及亚毫米波，分别对应于特高频 UHF（0.3～3GHz）、超高频 SHF（3～30GHz）、极高频 EHF（30～300GHz）及甚高频 THF（300GHz～3THz）。

微波中部分频段常用代号，如表 5－1 所示。

表 5－1 微波中部分频段常用代号

代号	频段/GHz	波长/cm
L	1～2	30～15
S	2～4	15～7.5
C	4～8	7.5～3.75
X	8～13	3.75～2.31
Ku	13～18	2.31～1.67
K	18～28	1.67～1.07
Ka	28～40	1.07～0.75

其中 L 频段以下适用于移动通信。S 至 Ku 频段适用于以地球表面为基地的通信，包括地面微波中继通信及地球站之间的卫星通信，其中 C 频段的应用最为普遍，毫米波适用于空间通信及近距离地面通信。为满足通信容量不断增长的需要，已开始采用 K 和 Ka 频段进行地球站与空间站之间的通信。60GHz 的电波在大气中衰减较大，适宜于近距离地面保密通信。94GHz 的电波在大气中衰减很少，适合于地球站与空间站之间的远距离通信。

5.5　微波系统的架构

微波通信系统由发信机、收信机、天馈线系统、多路复用设备及用户终端设备等组成。其中，发信机由调制器、上变频器、高功率放大器组成；收信机由低噪声放大器、下变频器、解调器组成；天馈线系统由馈线、双工器及天线组成。多路复用设备把多个用户的电信号构成共享一个传输信道的基带信号。用户终端设备把各种信息变换成电信号。在发信机中调制器把基带信号调制到中频再经上变频变至射频，也可直接调制到射频。在模拟微波通信系统中，常用的调制方式是调频。在数字微波通信系统中，常用多相数字调相方式，大容量数字微波则采用有效利用频谱的多进制数字调制及组合调制等调制方式。发信机中的高功率放大器用于把发送的射频信号提高到足够的电平，以满足经信道传输后的接收场强。收信机中的低噪声放大器用于提高收信机的灵敏度；下变频器用于中频信号与微波信号之间的变换，以实现固定中频的高增益稳定放大；解调器的功能是进行调制的逆变换。微波通信天线一般为强方向性、高效率、高增益的反射面天线，常用的有抛物面天线、卡塞格伦天线等，馈线主要采用波导或同轴电缆。在地面接力和卫星通信系统中，还需以中继站或卫星转发器等作为中继转发装置。

5.6　微波系统的通信方式

地面上的远距离微波通信通常采用中继（接力）方式进行，原因如下。

（1）微波波长短，具有视距传播特性。而地球表面是个曲面，电磁波长距离传输时，会受到地面的阻挡。为了延长通信距离，需要在两地之间设立若干中继站，进行电磁波转接。

（2）微波传播有损耗，随着通信距离的增加信号衰减，有必要采用中继方式对信号逐段接收、放大后发送给下一段，延长通信距离。

A、B 两地间的远距离地面微波中继通信系统如图 5－3 所示。

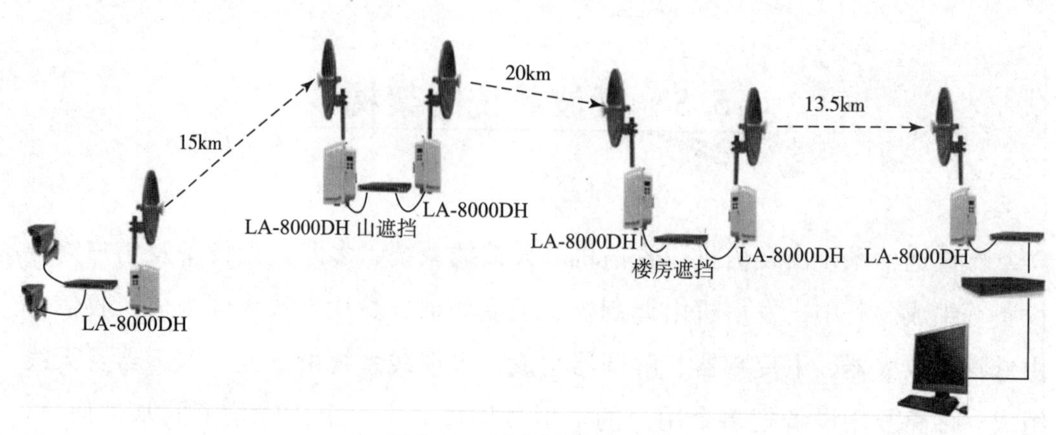

图 5－3　微波中继通信系统

在微波传输过程中，有不同类型的微波站，如图 5－4 所示。

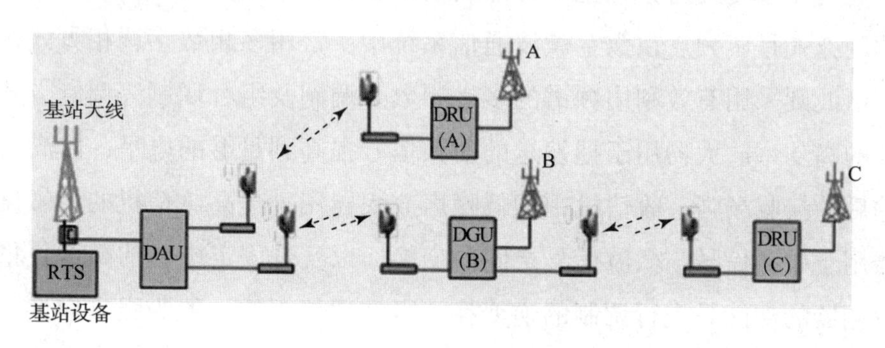

图 5－4　微波网络布局分类

终端站：只有一个传输方向的微波站。

中继站：具有两个传输方向，为了解决微波视通问题，需要增加的微波站分为有源中继站和无源中继站两种。

枢纽站：具有 3 个或 3 个以上传输方向，对不同方向的传输通道进行转接的微波站，或称为 HUB 站。

分路站：具有两个传输方向，因传输业务上下的需要而设立的微波站。

5.7　微波系统的主要技术

微波传输也会受很多外界因素的干扰而衰落。从衰落的物理因素来看，可以分成以下几种类型。

（1）吸收衰落。大气中的氧分子和水分子能从电磁波吸收能量，导致微波在传播过程中的能量损耗而产生衰耗。频率越高，站距越长，衰落越严重。

（2）雨雾引起的散射衰落。雨雾中的大小水滴能够散射电磁波的能量，因而造成电磁波的能量损失而产生衰落。雨雾天气时，对高频微波影响大。

（3）K 型衰落。多径传输产生的干涉型衰落。由于这种衰落随着大气的折射参数 K 值的变化而变化的，故称为 K 型衰落。这种衰落在水面、湖泊、平滑的地面等场合显得特别严重。

（4）波导型衰落。由于气象的影响，大气层中会形成不均匀的大气波导。微波射线通过大气波导，则接收点的电场强度包含了“波导层”以外的反射波，形成严重的干扰型衰落，造成通信的中断。

（5）闪烁衰落。对流层中的大气常发生大气湍流，大气湍流形成的不均匀块式层状物使介电系数与周围的不同。当微波射线射到不均匀的块式层状物上来时，将使电波向周围辐射，形成对流层散射。此时接收点也可以接收到多径传来的这种散射波，形成块衰落。由于这种衰落是由多径产生的，因此称之为闪烁衰落。

对抗这些衰落的技术有自适应均衡、自动发信功率控制（ATPC）、前向纠错（FEC）和分集接收技术等，如表 5－2 所列。

表 5－2　微波抗衰落技术

抗衰落技术	对抗效应
自适应均衡	波形失真
自动发信功率控制（ATPC）	功率降低
前向纠错（FEC）	功率降低
分集接收技术	功率降低和波形失真

课后练习

1. 微波通信系统的特征有哪些?
2. 微波通信系统的主要技术有哪些?
3. 微波通信系统是如何划分频段的?

参考文献

［1］Pozar D M. 微波工程［M］. 张肇仪，等，译. 北京：电子工业出版社，2006.

［2］Stutzman W L. 天线理论与设计［M］. 2 版. 朱守正，等，译. 北京：人民邮电出版社，2006.

［3］Guru B S. 电磁场与电磁波［M］. 北京：机械工业出版社，2006.

［4］孔金瓯. 电磁波理论［M］. 吴季，等，译. 北京：电子工业出版社，2003.

6.1 卫星发展简史

卫星通信简单地说就是地球上（包括地面和低层大气中）的无线电通信站间利用卫星作为中继而进行的通信。卫星通信系统由卫星和地球站两部分组成。卫星通信的特点是：通信范围大，只要在卫星发射的电波所覆盖的范围内，从任何两点之间都可进行通信；可靠性高，不易受陆地灾害的影响；开通电路迅速，只要设置地球站电路即可开通；同时可在多处接收，能经济地实现广播、多址通信，多址特点；电路设置非常灵活，可随时分散过于集中的话务量；多址连接，同一信道可用于不同方向或不同区间。

卫星通信系统实际上也是一种微波通信，它以卫星作为中继站转发微波信号，在多个地面站之间通信，卫星通信的主要目的是实现对地面的“无缝隙”

覆盖，由于卫星工作于几百、几千甚至上万千米的轨道上，因此覆盖范围远大于一般的移动通信系统。但卫星通信要求地面设备具有较大的发射功率，因此不易普及使用。

在微波频带，整个通信卫星的工作频带约有500MHz宽度，为了便于放大和发射及减少变调干扰，一般在卫星上设置若干个转发器。每个转发器被分配一定的工作频带。目前的卫星通信多采用频分多址技术，不同的地球站占用不同的频率，即采用不同的载波。比较适用于点对点大容量的通信。近年来，时分多址技术也在卫星通信中得到了较多的应用，即多个地球站占用同一频带，但占用不同的时隙。与频分多址方式相比，时分多址技术不会产生互调干扰，不需用上下变频把各地球站信号分开，适合数字通信，可根据业务量的变化按需分配传输带宽，使实际容量大幅增加。另一种多址技术是码分多址（CDMA），即不同的地球站占用同一频率和同一时间，但利用不同的随机码对信息进行编码来区分不同的地址。码分多址采用了扩展频谱通信技术，具有抗干扰能力强、有较好的保密通信能力、可灵活调度传输资源等优点。它比较适合于容量小、分布广、有一定保密要求的系统使用。

6.2 卫星系统的组成

卫星通信系统由卫星端、地面端、用户端三部分组成，如图6-1所示。卫星端在空中起中继站的作用，即把地面站发上来的电磁波放大后再返回送到另一个地面站，卫星星体又包括两大子系统，即星载设备和卫星母体。地面站则是卫星系统与地面公众网的接口，地面用户也可以通过地面站出入卫星系统形成链路，地面站还包括地面卫星控制中心及其跟踪、遥测和指令站。用户段即是各种用户终端，如图6-2~图6-4所示。

卫星通信网络的结构有以下几种。

（1）点对点。两个卫星站之间互通；小站间信息的传输无须中央站转接；组网方式简单。其结构如图6-5所示。

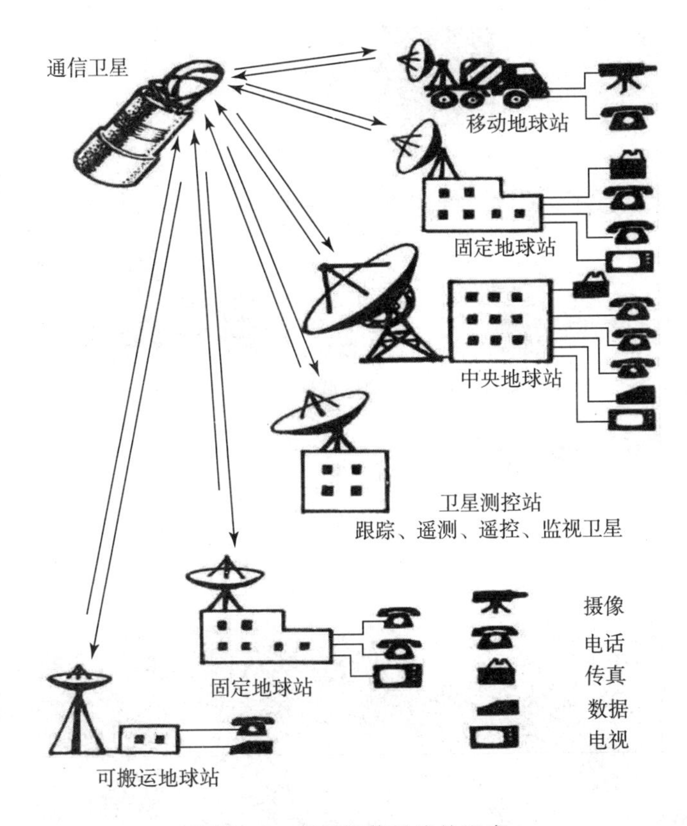

图 6－1 卫星通信系统的组成

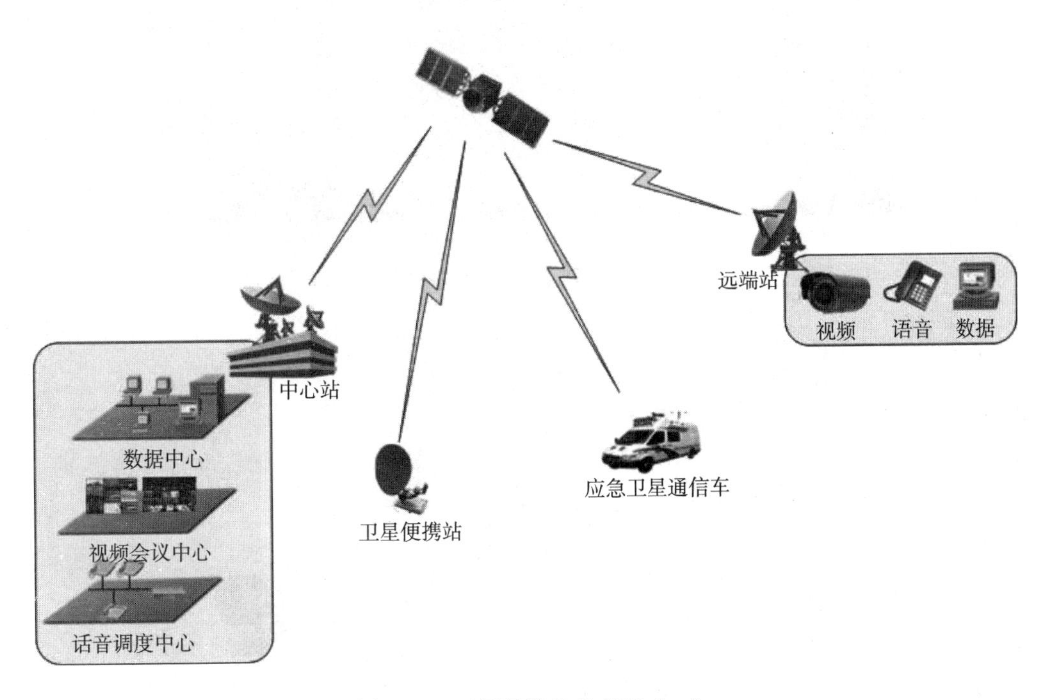

图 6－2 卫星通信业务应用（一）

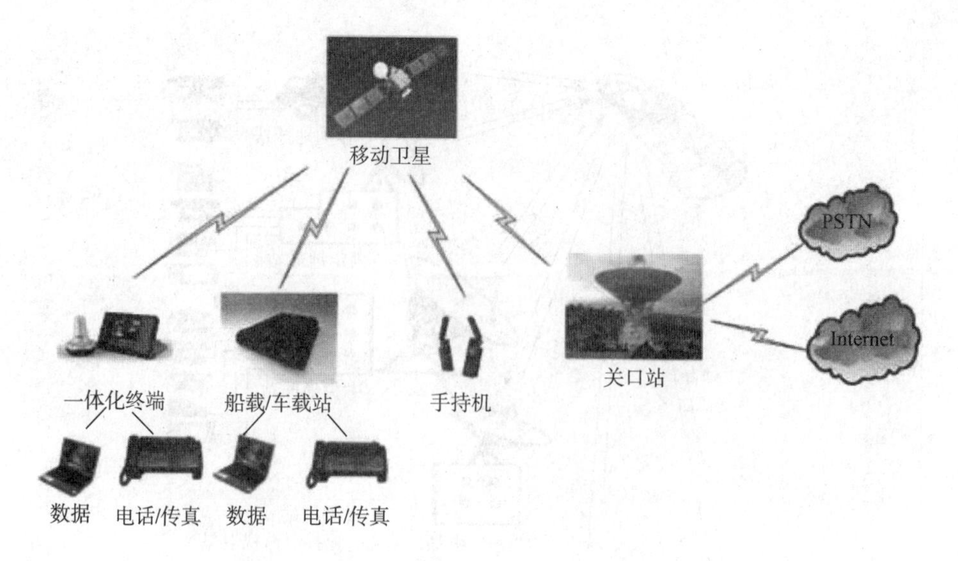

图6－3　卫星通信业务应用（二）

图6－4　卫星传播示意图

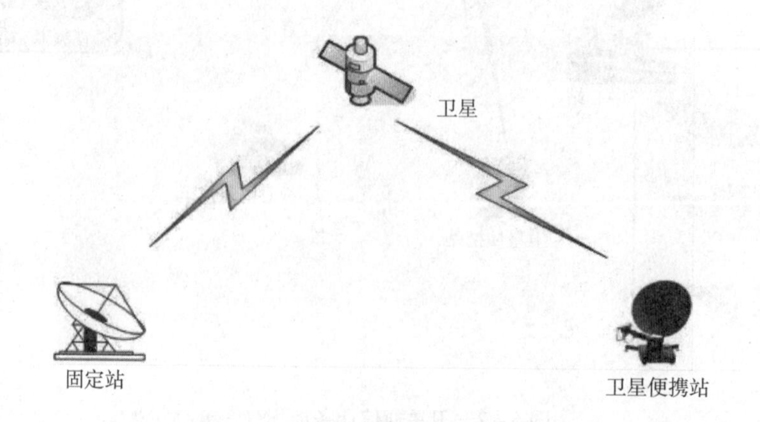

图6－5　点对点卫星通信网络结构

（2）星状网。外围各边远站仅与中心站直接发生联系，各边远站之间不能通过卫星直接相互通信（必要时需经中心站转接才能建立联系），其结构如图6－6所示。

（3）网状网。网络中的各站彼此可经卫星直接沟通，其结构如图6－7所示。

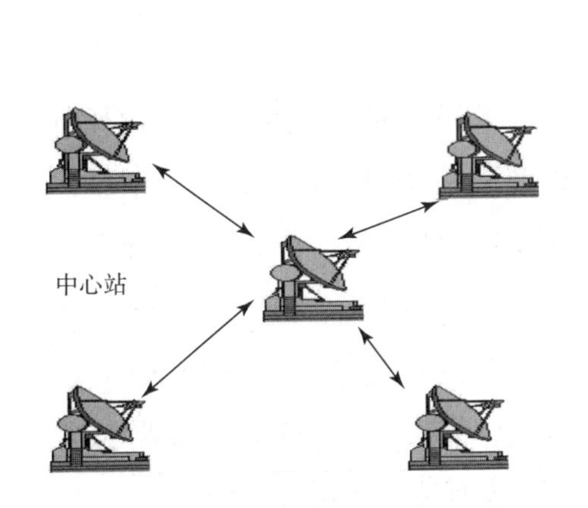

图6－6　星状网卫星通信网络结构

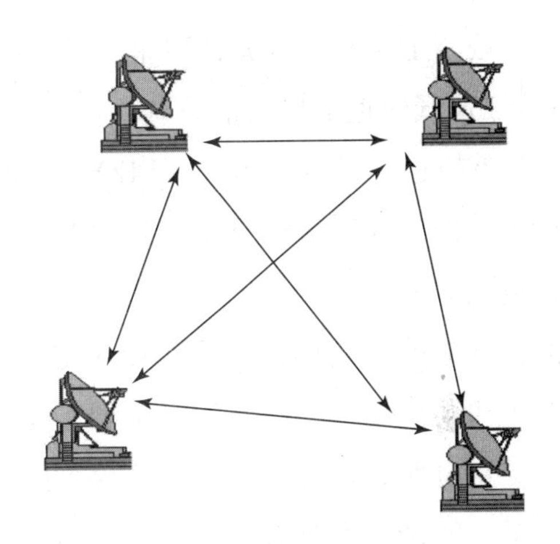

图6－7　网状网卫星通信网络结构

（4）混合网。这是星状网和网状网的混合形式，其结构如图6－8所示。

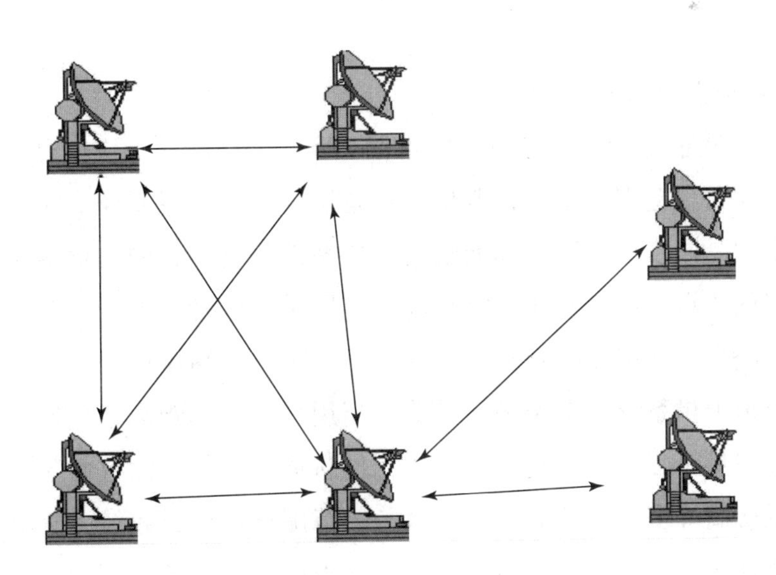

图6－8　混合网卫星通信网络结构

6.3 卫星通信的类型划分

1. 按照工作轨道划分

按照工作轨道区分，卫星通信系统一般分为以下3类。

1）低轨道卫星通信系统

低轨道卫星通信系统（LEO）距地面500～2000km，传输时延和功耗都比较小，但每颗卫星的覆盖范围也比较小，典型系统有Motorola的铱星系统。低轨道卫星通信系统由于其卫星轨道低、信号传播时延短，所以可支持多跳通信；其链路损耗小，可以降低对卫星和用户终端的要求，可以采用微型/小型卫星和手持用户终端。但是低轨道卫星系统也为这些优势付出了较大的代价：由于轨道低，每颗卫星所能覆盖的范围比较小，要构成全球系统需要数十颗卫星，如铱星系统有66颗卫星、Globalstar系统有48颗卫星、Teledisc系统有288颗卫星。同时，由于低轨道卫星的运动速度快，对于单一用户来说，卫星从地平线升起到再次落到地平线以下的时间较短，所以卫星间或载波间切换频繁。因此，低轨道系统的系统构成和控制复杂、技术风险大、建设成本也相对较高。

2）中轨道卫星通信系统

中轨道卫星通信系统（MEO）距地面2000～20000km，传输时延要大于低轨道卫星，但覆盖范围也更大，典型系统是国际海事卫星系统。中轨道卫星通信系统可以说是同步卫星系统和低轨道卫星系统的折中，中轨道卫星系统兼有这两种方案的优点，同时又在一定程度上克服了这两种方案的不足之处。中轨道卫星的链路损耗和传播时延都比较小，仍然可采用简单的小型卫星。如果中轨道和低轨道卫星系统均采用星际链路，当用户进行远距离通信时，中轨道系统信息通过卫星星际链路子网的时延将比低轨道系统低。而且由于其轨道比低轨道卫星系统高许多，每颗卫星所能覆盖的范围比低轨道系统大得多，当轨道高度为10000km时，每颗卫星可以覆盖地球表面的23.5%，因而只要几颗卫星就可以覆盖全球。若有十几颗卫星就可以提供对全球大部分地区的双重覆盖，这样可以利用分级接收来提高系统的可靠性，同时系统投资要低于低轨道系统。

因此，从一定意义上说，中轨道系统可能是建立全球或区域性卫星移动通信系统较为优越的方案。当然，如果需要为地面终端提供宽带业务，中轨道系统将存在一定困难，而利用低轨道卫星系统作为高速的多媒体卫星通信系统的性能要优于中轨道卫星系统。

3）高轨道卫星通信系统

高轨道卫星通信系统（GEO）距地面35800km，即同步静止轨道。理论上，用3颗高轨道卫星即可以实现全球覆盖。传统的同步轨道卫星通信系统的技术最为成熟，自从同步卫星被用于通信业务以来，用同步卫星来建立全球卫星通信系统已经成为建立卫星通信系统的传统模式。但是，同步卫星有一个不可克服的障碍，就是较长的传播时延和较大的链路损耗，严重影响到它在某些通信领域的应用，特别是在卫星移动通信方面的应用。首先，同步卫星轨道高，链路损耗大，对用户终端接收机性能要求较高。这种系统难以支持手持机直接通过卫星进行通信，或者需要采用12m以上的星载天线（L波段），这就对卫星星载通信有效载荷提出了较高的要求，不利于小卫星技术在移动通信中的使用。其次，由于链路距离长，传播延时大，单跳的传播时延就会达到数百毫秒，加上语音编码器等的处理时间，则单跳时延将进一步增加，当移动用户通过卫星进行双跳通信时，时延甚至将达到秒级，这是用户特别是语音通信用户所难以忍受的。为了避免这种双跳通信就必须采用星上处理使得卫星具有交换功能，但这必将增加卫星的复杂度，不但增加系统成本，也有一定的技术风险。

目前，同步轨道卫星通信系统主要用于VSAT系统、电视信号转发等（图6-9)，较少用于个人通信。

注：在地球表面观察卫星则是静止的，固定的天线可始终对准卫星，窄波束天线需要跟踪系统。

目前，全球同步轨道商用通信卫星总数已超过290颗。

2. 按照通信范围划分

按照通信范围划分，卫星通信系统可以分为国际通信卫星、区域性通信卫星、国内通信卫星。

3. 按照用途划分

按照用途划分，卫星通信系统可以分为综合业务通信卫星、军事通信卫星、

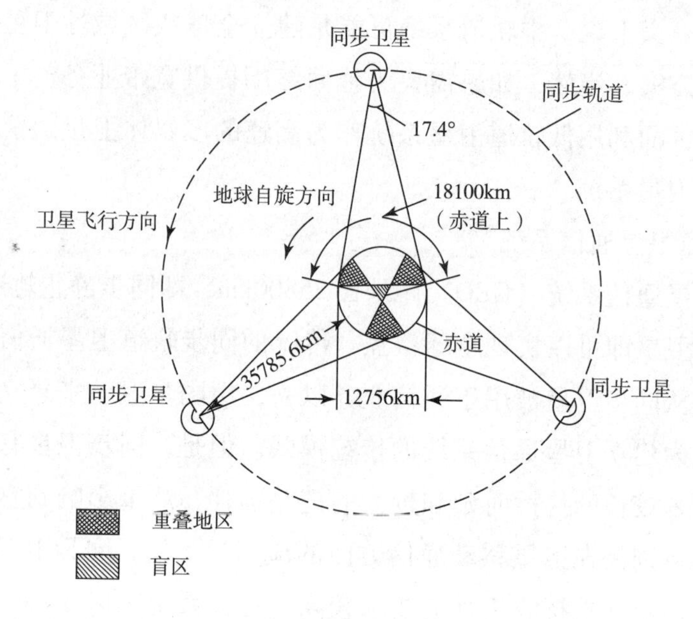

图6－9　同步卫星

海事通信卫星、电视直播卫星等。

4. 按照转发能力划分

按照转发能力划分，卫星通信系统可以分为无星上处理能力卫星、有星上处理能力卫星。

6.4　卫星通信系统的频带划分

卫星通信系统频带划分有以下4个要求：

（1）电波应能穿过电离层，传输损耗和外部附加噪声应尽可能小。

（2）有较宽的可用频带，尽可能增大通信容量。

（3）较合理地使用无线电频谱，防止各宇宙通信业务之间及与其他地面通信业务之间产生相互干扰。

（4）通信采用微波频段为300MHz～300GHz。

注：由于空间通信是超越国界的，频谱分配是在ITU主管下进行的，1979年世界无线电行政大会（WRAC）分配给卫星通信的频带包含17个业务分类，并将全球分为3个地理区域，即Ⅰ区、Ⅱ区、Ⅲ区，我国位于第Ⅲ区。详细的频率分配见表6－1。C波段与Ku波段比较见表6－2。

表 6-1 常用工作频段

频段	上行频率/GHz	下行频率/GHz	简称
C - band	5.85 ~ 6.65	3.4 ~ 4.2	6/4G
Ku - band	14.0 ~ 14.5	12.25 ~ 12.75	14/12G
Ka - band	27.5 ~ 31	17.7 ~ 21.2	30/20G

表 6-2 C 波段与 Ku 波段的比较

C 波段	Ku 波段
易受地面干扰	抗地面微波干扰性好
天线口径较大	天线口径较 C 波段小，机动灵活
受天气影响较小	在恶劣天气情况下，信号传输损耗较大
非常适合作传输	波束窄

6.5 卫星通信系统的特点

卫星通信是现代通信技术的重要成果，它是在地面微波通信和空间技术的基础上发展起来的。与电缆通信、微波中继通信、光纤通信、移动通信等通信方式相比，卫星通信具有下列特点。

（1）卫星通信覆盖区域大，通信距离远。因为卫星距离地面很远，一颗地球同步卫星便可覆盖地球表面的1/3，因此，利用3 颗适当分布的地球同步卫星即可实现除两极以外的全球通信。卫星通信是目前远距离越洋电话和电视广播的主要手段。

（2）卫星通信具有多址连接功能。卫星所覆盖区域内的所有地球站都能利用同一卫星进行相互间的通信，即多址连接。

（3）卫星通信频段宽、容量大。卫星通信采用微波频段，每个卫星上可设置多个转发器，故通信容量很大。

（4）卫星通信机动灵活。地球站的建立不受地理条件的限制，可建在边远地区、岛屿、汽车、飞机和舰艇上。

（5）卫星通信质量好，可靠性高。卫星通信的电波主要在自由空间传播，噪声小，通信质量好。就可靠性而言，卫星通信的正常运转率达 99.8% 以上。

（6）卫星通信的成本与距离无关。地面微波中继系统或电缆载波系统的建设投资和维护费用都随距离的增加而增加，而卫星通信的地球站至卫星转发器之间并不需要线路投资，因此，其成本与距离无关。

但卫星通信也有不足之处，主要表现在以下方面。

（1）传输时延大。在地球同步卫星通信系统中，通信站到同步卫星的距离最大可达40000km，电磁波以光速（3×10^8m/s）传输，这样，路经地球站→卫星→地球站（称为一个单跳）的传播时间约需0.27s。如果利用卫星通信打电话，由于两个站的用户都要经过卫星，因此，打电话者要听到对方的回答必须额外等待0.54s。

（2）回声效应。在卫星通信中，由于电波来回转播需0.54s，因此产生了讲话之后的“回声效应”。为了消除这一干扰，卫星电话通信系统中增加了一些设备，专门用于消除或抑制回声干扰。

（3）存在通信盲区。把地球同步卫星作为通信卫星时，由于地球两极附近区域“看不见”卫星，因此不能利用地球同步卫星实现对地球两极的通信。

（4）存在日凌中断、星蚀和雨衰现象。

课后练习

1. 卫星通信系统有哪些组成部分？
2. 卫星通信系统的频段是如何进行划分的？
3. 卫星通信的系统特征是什么？

参考文献

［1］郭庆，王振永，顾学迈．卫星通信系统［M］．北京：电子工业出版社，2010.

［2］姚军，李白萍．数字微波与卫星通信［M］．北京：北京邮电大学出版社，2011.

［3］丁龙刚，马虹．卫星通信技术［M］．北京：机械工业出版社，2011.

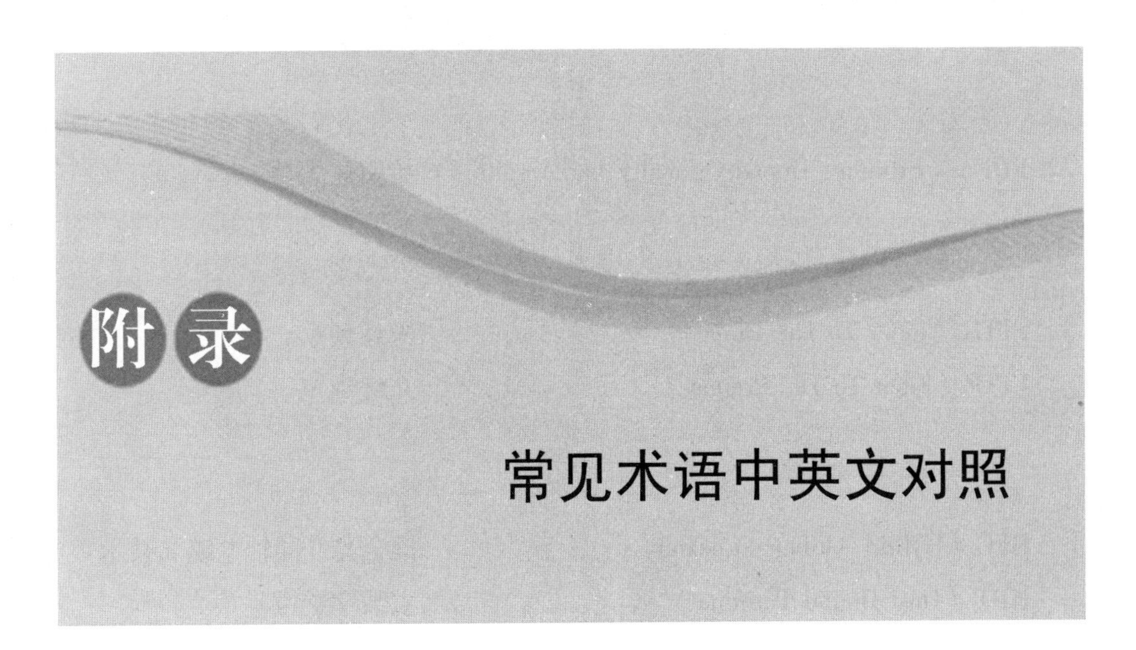

附录

常见术语中英文对照

A

ADSL (Asymmetric Digital Subscriber Line)　非对称数字用户环路

AP (Access Point)　接入点

AON (Active Optical Network)　有源光网

ATM (Asynchronous Transfer Mode)　异步传输模式

ASON (Automatic Switched Optical Network)　自动交换光网络

C

CATV (Community Antenna TeleVision)　社区公共电视天线系统（有线电视网络）

D

DDF (Digital Distribution Frame)　数字配线架

DDN (Digital Data Network)　数字数据网

E

EDFA（Erbium－Doped Optical Fiber Amplifier）掺铒放大器

F

FTTH（Fiber To The Home）光纤到家
FTTP（Fiber To The Premise）光纤到户

H

HFC（Hybrid－Fiber－Coaxial）混合光纤同轴电缆（技术）
HDT（Host Digital Terminal）主数字终端

I

ISDN（Integrated Services Digital Network）综合业务数字网
ISU（Integrated Services Unit）综合业务单元
ION（Intellectual Optical Network）智能光网络
IMSI（International Mobile Subscribe Identity）国际移动用户识别号

L

LED（Light Emitting Diode）发光二极管
LAN（Local Area Network）局域网

M

MSTP（Multi－Service Transfer Platform）多业务传送平台
MOS（Mean Opinion Score）平均意见值

O

ONU（Optical Network Unit）光网络单元（“光猫”）
ODF（Optical Distribution Frame）光纤配线架
OTU（Optical Transform Unit）光（波长）转换器

OSC（Optical Supervisory Channel）　光监控信道
OAN（Optical Access Network）　光接入网
OAN（Optical Access Network）　光接入网
ODN（Optical Distribution Network）　光分配网

P

PON（Passive Optical Network）　无源光网络
PSTN（Public Switched Telephone Network）　公用电话交换网
PCM（Pulse Code Modulation）　脉冲编码调制

Q

QoS（Quality of Service）　服务质量

S

SDH（Synchronous Digital Hierarchy）　同步数字系列
SNI（Service Network Interface）　业务节点接口

T

TMN（Telecommunications Management Network）电信管理网

U

UNI（User Network Interface）　用户节点接口

V

VOD（Video On Demand）　视频点播
VSAT（Very Small Aperture Terminal）　甚小天线地球站

W

WLAN（Wireless Local Area Network）　无线局域网
WDM（Wavelength Division Multiplexing）　波分复用

参 考 文 献

[1] 陈金鹰. 通信导论 [M]. 北京：机械工业出版社，2013.

[2] 曹丽娜. 通信概论 [M]. 北京：机械工业出版社，2013.

[3] 工业和信息化部教育与考试中心. 通信专业综合能力与实务——传输与接入 [M]. 北京：人民邮电出版社，2014.

[4] 崔健双. 现代通信技术概论 [M]. 北京：机械工业出版社，2013.

[5] 许圳彬，王田甜. GSM 移动通信技术 [M]. 北京：人民邮电出版社，2015.

[6] 丁奇. 大话无线通信 [M]. 北京：人民邮电出版社，2014.

[7] D M Pozar. 微波工程. 张肇仪，等，译. 北京：电子工业出版社，2010.